喻凡 著

简单，

看透自己，才能读懂别人

山西出版传媒集团
北岳文艺出版社
BEIYUE LITERATURE & ART PUBLISHING HOUSE
· 太原 ·

图书在版编目（CIP）数据

简单，看透自己，才能读懂别人 / 喻凡著. -- 太原：
北岳文艺出版社，2019.3
ISBN 978-7-5378-5858-8

Ⅰ．①简… Ⅱ．①喻… Ⅲ．①自我评价－通俗读物
Ⅳ．① B848-49

中国版本图书馆CIP数据核字（2019）第 011364 号

书名：简单，看透自己，才能读懂别人

著者：喻凡

策划：刘玉浦

责任编辑：邹伟

书籍设计：王琳娜

责任印制：巩璠

————

出版发行：山西出版传媒集团·北岳文艺出版社
地址：山西省太原市并州南路 57 号　　邮编：030012
电话：0351-5628696（发行部）　0351-5628688（总编室）
传真：0351-5628680
网址：http://www.bywy.com　E-mail:bywycbs@163.com
经销商：新华书店
印刷装订：北京市玖仁伟业印刷有限公司

开本：880mm×1230mm　1/32
字数：130 千字　印张：7.5
版次：2019 年 3 月第 1 版　印次：2019 年 3 月北京第 1 次印刷
书号：ISBN 978-7-5378-5858-8

定价：45.00 元

识人观心是读懂他人的关键

　　荀子曾说："人之性恶，其善者伪也。"意思是：人的本性是邪恶的，那些善良的行为是后天的作为。

　　他认为，放纵人的本性和欲望，就一定会有违法乱纪的行为和局面产生，社会就会暴乱，因此人们需要道德和礼义的引导教化，需要规则和法度的约束管制，这样人们才会产生美德，社会才会和谐，国家才会安定。

　　我们常说，不要过分夸大人性的作用，因为人性中恶劣的一面往往受社会道德和法律约束隐藏起来，只有在极其特殊的情况下，才会显露出来。虽然这些特殊的情况未必经常会遇到，但是我们要知道，在现实生活中，人们一定会因为各种原因和需要而对自己的性格、欲望、想法、观点有不同程度的掩饰，不让别人轻易知晓，甚至有时候能够瞒过自己。所以，想要真正了解一个人并不是件容易的事。

而我们为人处世，无论是从情感需要出发，还是从工作、学习、生活需要出发，都应该对别人有所了解，尤其在竞争激烈的现代社会，要想获得成功，我们就要了解他人，建立人脉，在此基础上运用手中的一切资源。这一切还有一个关键点要注意，或者说这一关键点是拓展资源、竞争博弈的前提，那就是了解自己，看清自己。只有这样，才能力求在反思中克服自己的弱点，强化优势，因势力导，想他人不敢想，为他人不敢为，从而在生活的各个领域都游刃有余。

但看清自己谈何容易？有人自傲虚荣，有人自卑胆怯，有人偏执狭隘，有人急进焦躁，也有人拘谨多疑……其实每个人都无从选择自己的出身和生长环境，世间更没有完美的人格，有的人成功可能往往正是因为他的某些性格，有的人成功则可能是因为克服了自己的缺点。

正确认识自己，除了对自身条件和素质的了解之外，更侧重于对思想和才能的正确判断和评估，比如健康情况、知识水平、兴趣爱好、人际关系、专业特长和能力等，甚至在各个人生阶段具有特殊意义的成长事件，也会对心理素质造成塑造性的影响。当然了，在人际交往过程中，身份地位、交际能力和自身调整能力，也对认识自我起到重大作用。

认识他人则通常是我们基于人生经验，从他人的外貌言行去判断他人的性格，评估他人的生活条件、人际关系、社会地位，并及时自觉或不自觉地根据一些特殊事件调整自己的看法和观点。

认识自己、了解他人是为人处世的必备能力，也是一个人与他人、社会建立关联的必要途径。只有尽右能的认清自己，客观了解他人，我们才能掌握自己和他人的优势和劣势，扬长避短，把握机遇，利用一切可用的资源，成就自己，襄助他人。

本书摆脱了千篇一律的深奥说教理论，通过对事例故事的剖析和提炼，帮我们揭开人性的面纱，摸清人性的脉络，看透灵魂的影子。只要我们翻开本书，轻松阅读，就会迅速掌握识己识人的有效方法，在实践中稍加留意，用心观察和练习，就能激发自身能量，避开人性的陷阱，从而轻松驾驭人性，把控事件的发展方向，结识更多的良师益友，为成功美满的人生助航。

目 录
Contents

Part 2

读懂别人，把握制胜先机

⑧ 读懂别人的面部表情，不动声色就能占尽先机

11 读懂别人的穿衣打扮，找到气场相合的朋友

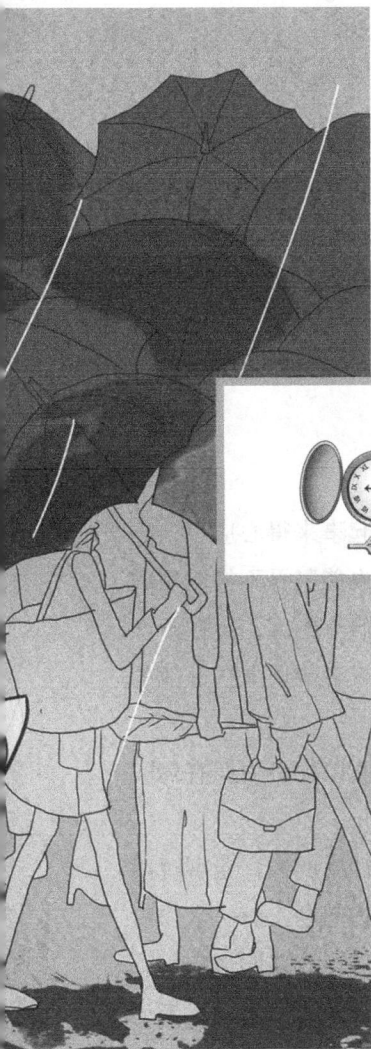

Part 1

看透自己
造就精彩人生

Chapter 1

看透自己的性格，才能把握人生轨迹

🖋 判断自己的性格类型，掌控人生坐标

有一句话说得好：性格决定成败！

这就是说性格上的优点可以使人做起事来得心应手，在复杂的环境中游刃有余，即使面对困难也能坚忍不拔，顺利攀向人生的巅峰；反之，性格具有太多弱点的人，会在不知不觉中陷入困境，即使具备很好的条件或者能遇上扶助他的贵人，也可能将好牌打烂。

性格对人的一生有如此大的影响，所以你必须拥有驾驭它的能力！

一个能驾驭自己性格甚至利用他人性格的人，遇事时沉着冷静，懂得用最恰当的方法解决最大的问题。而一个任由自己性格和情绪随意显露的人，或唯唯诺诺，或刚愎自用，或胆小怕事，或消极懈怠，或被他人孤立，无所依傍。当遇

到人生中一些重大的关口时，性格的主导性就尤其突显——有些人遇到挫折或灾难便一蹶不振，从此心灰意冷；有些人却越挫越勇，坚忍不拔，还可以主动帮助别人，进而扭转局势。当荣誉赞美加身时，有些人飘飘欲仙，得意忘形，从此不思进取；而有些人淡然处之，戒骄戒躁，继续一步一个脚印地前行……

性格，关系着每个人的一生。心理学家高尔顿·奥尔波特说："人的鲜明的东西是他个人的东西。从来不曾有一个人和他一样，也永远不会再有这样一个人。"由此可见，一个人尽早准确地判断自己的性格类型，就能更早地掌控自己的人生坐标！

性格是天生的。有些人天生活泼外向，极具领导才能；有些人天生腼腆内向，连和陌生人说句话都会脸红。

如果你认为自己的性格不够优秀，做起事来碍手碍脚，也不必沮丧，因为性格虽是天生，却可以通过后天的努力来改变！

我们所谓的改变，要避开一个误区，就是不顾先天存在的因素而强行改造。

有些人生性内向，每当看到外向性格的人在人前侃侃而谈就很羡慕，希望自己也能变成那样的人，于是不假思索地效仿，见到人就鼓起勇气上前攀谈一番。过一段时间，他可能当真变得见到什么人都能滔滔不绝地说话，但不分场合，不知宜忌，没有轻重，话语无味，只会让人觉得此人虚假，没有分寸。

更为可怕的是，还有一些人会没有目标地强行改造。每当他们看到一个自己欣赏崇拜的人时，就会有意识地去模仿，企图拥有对方的言谈举止。当下一次又看到另一个优秀的人时，又会转而去模仿他。这样毫无目标、朝三暮四地模仿，最终只会将性格扭曲，失去自我。

因此，一个人应该把精力放在完善和把控自己的性格上，而不应该不顾天性地胡乱改造。

其实，每个人的一生中都会经历几次改变甚至颠覆原本性格的大事件，有些改造从幼年时期就开始了。

幼年时期的性格改造大多来自外界的力量，比如父母、师长。当我们表现出一些他们看不惯的行为时，就会"逼"得长辈按照他们的习惯和期待来"培养"我们。

这些行为实际上就是性格的体现，只是那时我们还不知道这些所谓的"培养"会给自己带来什么样的结果，于是大多言听计从，性格慢慢有所变化。

如果这些后天改造偏离原本的性格太远，除了人的性情会有大的改变之外，还可能会导致一个恶果：自己不了解自己。

当一个人不了解自己时，就会不知道自己喜欢什么，最想做些什么，以至对很多切身之事都茫然无措，所以在面对人生重要转折和契机时，更加毫无头绪。这也是很多人在转行和择业时困惑的根源。

　　人在青年时期，性格还可能会遭遇一些重大的改变。比如，你的工作需要你成为一个具有某种性格和能力的人，不管你本身是何种性格，都需要你按照这个目标突破自己，锻炼自己在这方面的能力，否则就无法成为一个合格的员工。迫于生存的压力，你可能就会锻炼自己，改变自己。

　　以上种种性格的改变，大多不是源自我们本心的意愿，很容易使人迷失。一旦迷失，就很可能无法正确把握人生的轨迹，或走弯路，或与成功失之交臂。

　　因此，你迫切地需要尽量准确地评析判断自己的性格，在此基础上发挥原有的优势，完善个中不足，建立完整的、适合自己的性格体系。这个优质的性格体系会让你成为更好的自己，让你做起事来事半功倍，轻松顺利地赢得事业上的成功，掌控自己的人生坐标！

　　性格分类有很多理论，斯普兰格的价值观性格说、海伦·帕玛的九型人格、迈尔斯·布里格斯的性格分类法等等，都有逻辑严密的剖析和说明，并详尽地阐述了性格与自我、与人生的关系。然而，这些严谨的、深奥的性格学说，更适用于专业的心理学人士分析和研究，绝大多数人既没有足够的耐心和时间去一点点地伏案学习，也没有必要去熟悉那些晦涩难懂的术语。你最为需要的，就是在最短的时间内，了解和掌握性格的分类，判断自己的性格类型，有的放矢地完善自己的性格，最大限度地发挥优势，减少劣势对自己的不良影响。

在集合了心理学家的各类分析后，本章将性格分成春、夏、秋、冬四个类型，既方便急需完善自己性格的人快速了解自己，也让大家读起来不感枯燥。

有些人可能会问："究竟什么才是好的性格？"

其实，性格不分好坏，关键要看它是否在你的生活、工作中起到积极的推动作用。举个例子来说，一个性格内向、不善言辞的人，他的内心世界可能极为丰富，甚至艺术细胞尤为发达。他可能会成为一个胸有沟壑、观察力强的人，甚至成为出色的画家、作家或雕塑家。这时，外向的性格对他来说不是必须具备的东西。

再比如，作为一个业务推广员，他最需要的是出色的交际能力、能说会道的口才以及不怕被人拒绝的坚韧精神等。当他在工作的时候，就要克服矜持、含蓄的性格特点，尽量展现开朗、健谈的性格。

性格不分好坏，还因为每个人的生活背景、生活环境不同，所从事的行业不同，对性格和能力的要求也就不能一概而论。

我们之所以要改变性格或者弱化某种性格，是由于有些性格可能会妨碍你的生活和工作，不利于未来的发展。假使你内向慢热，不善言谈，但偏偏又非常希望成为活跃人前的焦点，或者想从事教师、业务员等工作，你就必须想方设法锻炼自己，让自己变得开朗健谈，思维敏捷，考虑周全等，让性格能够更好地帮助你担任自己的职场角色。

为了便于大家理解，我们将性格分类为四季，下面就让我们一起进入性格四季！

外向乐观的小孩子
——春季型性格的优势与劣势

> 春天像刚落地的娃娃，从头到脚都是新的，它生长着。春天像小姑娘，花枝招展的，笑着走着。春天像健壮的青年，有铁一般的胳膊和腰脚，领着我们向前去。

这是朱自清先生在《春》中为我们描绘的春的形象，如果用这些特征来比喻人的性格，那么万物复苏的春无疑代表着乐观向上、活泼可爱的小孩子。

当我们还是孩子时，我们渴望长大，当我们长大后，我们又想变成一个孩子，因为孩子总是那么天真快乐、无忧无虑。于是，很多人都喜欢和羡慕那些整天神采奕奕、不管遇到什么困难都能够乐观对待的人。

那么，你属不属于令人羡慕的外向乐观的人呢？如何才能判断出自己是否属于这个性格范畴呢？

如果你喜欢自由自在、无拘无束的生活，如果你的座右铭是"生命只能活一次，要尽量享受每一刻"，如果你的好奇心十分旺盛，对新事物抱着渴望和开放的态度，如果你始终向往改变，讨厌束缚，如果你觉得身边不断变化的环境常常可以为你带来惊喜……那么你正是典型的春季性格！

天生乐观、积极向上的你，脸上永远都会挂着开心满足的微笑，做事愿意和人沟通，学习和适应能力都很强，天生就具备对困境的免疫力和克服艰难的能力。总而言之，任何事在你眼中都没有什么大不了的，而你也总能游刃有余地打理一切。

哈佛教授亨利·霍夫曼曾这样说过："你是否快乐或痛苦，不完全取决于你得到什么，更多地在于你用心去感受到了什么。"

很多时候，命运也许会跟我们的人生开上一个不大不小的玩笑，但如果你能拥有积极乐观的春季性格，那么再大的困难，再多舛的命运，都会因此发生改变，并让你的人生依旧阳光灿烂。

苏东坡是北宋大文豪，生性乐观洒脱，率直豁达，深得道家风范。他的词开豪放一派，散文豪放自如。他自带文人清高气质，也有自己的政治主张，先后几度官场沉浮起落，常被流放至蛮荒之地。作为一个官N代，家境自不必说，但是他从来不会因为生活条件恶劣而一蹶不振，怨天尤人。他到处游山玩水，结交好友，能开荒，创美食，好品茗，更时时处处培养文学青年。可以说，他是一个享得了福也吃得起苦的人，并能苦中作乐，对生活抱有无限热忱。

牛顿说："愉快的生活是由愉快的思想造成的，愉快的思想又是由乐观的个性产生的。"无论何时何地，外向乐观的性格都会很受欢迎。工作和生活中，你向上的激情和充沛的精力，会让你拥有更多的朋友和机会。所以站在人群中，你总会鹤立鸡群；走在路上，你总能光芒四射；言谈举止始终让你备受瞩目……

这一切，都是你走向成功的砝码。

需要注意的是，乐观积极的春季性格虽然招人喜爱，易给人以好感，但是过度展现也会物极必反，反而招致冷遇。

我们必须深刻地意识到，每种性格都会有它的优缺点，春季型性格同样如此。那么春季型性格究竟有哪些弊端，又需要进行哪些改善呢？

第一，独当一面很可能会四面树敌。

具有春季型性格的人大多工作积极，执行力强，这是长处，但如果你在工作中总是独自承担一切，则很有可能会四面树敌，让别人把你当成竞争对手，时刻盯着你的一举一动。所以工作时一定要注意，别一个人独揽一切，有活大家干，把部分工作委托给别人做，这样自己也能集中精力去做更重要的事情。

同时还需要注意，千万别因为厌倦、疲劳而半途而废，或者一项工作没做完就转向其他工作，这无疑会暴露自己缺乏耐性的缺点。

第二，频繁的社交也许会得不偿失。

擅长社交的春季型性格者给人的印象通常是八面玲珑、左右逢源，有些时候这或许会给你带来好处，但偶尔也会给工作和生活带来不良影响。假如让人觉得你是溜须拍马、阿谀奉承，则更加不利。甚至有人可能会因此觉得你格调低下，于是应付轻视你，使你得不到真诚的友谊。所以社交活动不妨少一点，进行精选之后，再行动。

第三，对事物的看法不要走极端。

你拥有对一件事情迅速做出判断的长处，但有些时候这种判断往往只限于善恶、正邪、敌我、有用无用等比较主观和两极化的判断，而忽略对事物具体情况的深入了解。

因此无论是工作还是生活，都没有绝对界限分明的两面，还有更多形式和方面等待你的发掘。

如果你在发扬优点的同时注意以上几点，那么你的春季型性格定会更加完善，你的人生也会因此得到意想不到的收获。

风风火火的领导者

——夏季型性格的优势与劣势

三国时的张飞勇猛善战，忠义双全，直率豪爽，爱才惜才，但同时他也粗犷鲁莽，严厉暴虐，御下寡恩。这个缺点令刘备深深忧虑，并多次劝说张飞。可惜张飞从未将此放在心上，一如既往，终于惹来杀身之祸。

结合他之前的种种表现，我们发现雷厉风行的张飞就是夏季型性格的典型代表人物，他无论做什么事情总是说一不二，思维快，行动快，是一位有胆识有担当的领导者。但也因为他明显的性格缺陷，他没能成为一个沉稳、睿智和宽容的将领，无法真正地独当一面。

几乎很少有人会不喜欢夏天，虽然我们常常会用"酷暑难熬"这样的词来描述夏天的炎热，但比起需要捂着厚厚的衣服，时刻被冻得瑟瑟发抖且无处遁形的冬天，人们更加喜爱夏天的热情和直接。

这是一个最能让人频繁接触大自然的季节，这是一个火热的、激情四射的季节，它开放不忸怩，浪漫不粗犷，还时时有让人清爽舒适的方式和方法。还有什么比这更让人感到惬意的呢？

　　因此，拥有夏季型性格的人往往会受到大家的欢迎，那些风风火火的领导者，能够时刻引领别人踏入全新领域，随时给别人带来刺激和精彩，让别人感同身受，从中获得快乐和激情。这类人物通常精力充沛，外向好动，不介意冒险，特别喜欢有趣且多元化的工作，愿意积极参与任何活动，习惯于在众人面前展现自己最优秀的一面，并乐于大显身手。

　　对这种性格类型者，人们通常会抱着热情接纳的态度，愿意与之交往，但我们无法回避的是，夏季性格类型者也并非没有缺点：

　　第一，具有夏季型性格特征的人开朗直率，对喜爱或者讨厌的人，情绪表露得非常坦诚，不喜拐弯抹角，所以很多时候，他们很可能不爱容忍他人身上出现的问题。

　　他们往往喜欢一针见血地指出问题所在，不愿容忍别人的缺点，很容易导致人际关系的紧张化。因此夏季型性格者想在人际交往中赢得更多好感，最好温和一点，不要太过极端，更不能直言以"怼"，而是在看到别人的不足和缺点时能够设身处地地为他人考虑，委婉地提出建议和意见，同时在别人需要时给予帮助和支持。

　　第二，夏天昼长夜短，现代生活节奏快，一天的喧嚣刚刚暂停，第二天的曙光又马上到来，有一种时间的紧迫感。

　　拥有夏季型性格的人一般更喜欢紧张活泼的工作氛围，他们思维活跃，执行力强，遇事总是积极地想办法着力解夏季型性格者需要学会服从他人领导。总把自己视为领导的夏季型性格者，常想掌控局面，一旦失去掌控权就会很不舒服，因此什么都想亲力亲为，可有时往往会"出力不讨好"，"热心办坏事"。

决，所以他们的工作状态往往充满斗志和激情。同时，这类人还希望让周围的人和他们一样，因此往往会让别人感到有压力。

然而，给别人压迫感是件不算讨好的事情，倘若有人和你一样，他会融入这种氛围，并紧跟你的步调；如果有人性格相对散漫或工作态度不算积极，就很容易让人腹诽，产生抵抗情绪。所以可以通过语言安慰、肢体表述和工作方法的相对调整来尽量减轻这种压力，让工作氛围趋于有条不紊。

第三，正如夏季人们常感觉到一会儿是难熬的酷热、一会儿是过度的冷气这样极端的温差一样，夏季型性格的人往往会给人一种不安定的感觉。他们办事风风火火，雷厉风行，办事效率很高，但有时因为做事少了事前的周全考虑，很容易"欲速则不达"，产生不良后果。因此，在处理事情的时候，我们最好能够学会沉着稳重、计划严密、不急不躁，这样才能事半功倍。

除了以上这些，夏季型性格者还需要注意一点，那就是学会服从他人领导。总把自己视为领导的夏季型性格者，常想掌控局面，一旦失去掌控权就会很不舒服，因此什么都想亲力亲为，可有时往往会"出力不讨好"，"热心办坏事"。这样自己不但活得很累，还不容易被别人理解。

所以适当的时候最好能控制住自己，尽量不去支配别人，偶尔服从其他人的领导，这样一来，很多问题也许会迎刃而解。

夏季型性格者如果能在发挥性格优势的前提下，努力找出自己的缺点并随时注意和改正，做起事来就能更加得心应手，且容易管理好团队，并找到投契的合作伙伴。

🍃 内向敏感的完美主义者
——秋季型性格的优势与劣势

林黛玉向来被公认为是个内向敏感、细腻多思、力求完美的人，而这些像极了秋天带给我们的感觉。

古往今来，多少文人骚客看到小草发芽、树木开花结果时，总是不吝笔墨挥洒对盎然生机的由衷赞美，而一旦看到万木萧条、秋水森森，就会触景伤怀，或表达客居他乡的思念之情，或抒发抑郁不得志的忧愤苦闷。

杜甫在《登高》中写道："万里悲秋常作客，百年多病独登台。"柳永则在《雨霖铃》中写道："多情自古伤离别，更那堪冷落清秋节。"

秋天常常演绎着从灿烂繁华到零落消散的过程，让人倍感凄伤，岂是一个"愁"字了得！

一般来说，拥有秋季型性格的人都会如林黛玉一般敏感多思，内向多愁。无论何时，内心总会隐藏着淡淡的愁绪和伤怀，不管与谁相处总会不由自主地想到更多问题，或者忧虑未来，或者以求做到完美无憾。

这类人对于自己和周围环境的感触往往要比一般人更丰富全面，不喜欢表面化和肤浅的东西，宁愿独自一人也不愿跟志不同的人闲谈，这种习惯令他们的心境时刻保持在平静淡泊的状态下，并能更清晰地认识问题，更理智地处理事情，进而顺利地达到目标。

具体来说，拥有秋季型性格的人时常会表现出这样几种特征，而这几种特征均各有利弊，运用得好会成为他们成功道路上的助力，运用不好则很有可能让他们寸步难行。

第一，内向敏感的矛盾混合体。

一般来说，秋季型性格者往往因为敏感而更加注重细节上的体验，所以如果他们从事文艺工作，更容易因感情细腻而表达得更充分。只是一旦敏感过度，则会因多思而导致僵局。特别是在公开场合时，他们常常会有矛盾的心理，既担心别人关注，不想和别人交流太多，又怕别人对他们丝毫不在意，忽略他们的存在。在这种矛盾心理的作用下，一旦成为焦点，则如坐针毡；如果无人问津，又自怨自艾，孤独寂寥，丧失自信。

第二，忠诚可靠的良师益友。

秋季型性格者大多喜欢留在幕后，不愿抛头露面，或心甘情愿当好配角，或不计得失地做倾听者，因此往往能结交到在关键时刻提供诚意帮助的真心挚友。对秋季型性格者来说，承诺是极其重要的，要么不说，要说就一定会做到，这能够让其获得更多真诚的友谊。

只是秋季型性格者需要注意，在和他人交往时最好心态宽容平和，冷静客观，顺其自然。一旦朋友有些言语失当，千万别多想；或者发现交友不慎，也不必纠结不放，患得患失。

第三，对自己苛刻的完美主义者。

秋季型性格者的眼中很难容得下不完美的东西，因此在处理事务或与人交往中，这类人常会抱着审慎的态度和挑剔的眼光，表情相对严肃或冷漠，不太容易让人接近。但事实上，他们非常重情重义，只要能交心，便会真心实意。

秋季型性格者常常力求将事情做到完美，并且几乎总是能因此体验很多成功或完美的友情，但是一旦他们付出十分努力，却未达到十分效果，也很容易产生挫败感，对人对己对事失望，从而失落消沉，难以自拔，进而心灰意冷。

你要知道，世间不如意事十之八九，也没有十全十美的人和人际关系。拥有秋季型性格的你能做的就是放松心态，不苛求自己和他人，学会控制忧思和消极情绪，学会发泄敏感情绪，释放正面能量，轻松自然地享受生活中遇见的一切，不强求，不苛责。勇敢积极地行动起来，尝试更多的生活可能性。

温和、缺少主见的好好先生
——冬季型性格的优势与劣势

春有百花秋有月，夏有凉风冬有雪。有人喜欢春的和煦，有人喜欢夏的热烈，有人喜欢秋的清凉，但提到寒风凛冽的冬天，不少人都会爱恨交织。

冬天拥有银装素裹的美景，却也因此寒风刺骨。我们为了御寒，减少了户外活动，所以我们有更多的时间坐在屋子里思考工作和人生。生活节奏慢了下来，我们也变得稍微温和和淡定一些。

拥有冬季性格的人往往温和谨慎，性格随和，喜欢享受自己的私有空间，对待他人谦逊可亲，常常喜欢顺其自然，甚至有时舍己从人，习惯妥协讨好，无为的性格特点让人觉得这是没有主见的老好人。

金庸笔下的张无忌无疑是这种性格的代表。他性情温和，总是不好意思拂逆他人的意见，他练就顶级武功也好，执掌明教也好，甚至答应和周芷若结婚却不和周芷若拜堂，不是因为应他人所求，就是被他人逼迫。通观全书，他的女人缘和事业成功，除了因为他性格良善，有慈悲心，也是因为他顺应自然，有责任心，有担当，遇事绝不置之度外。

张无忌的性格很像冬天给我们的感觉，看似绵软温和，轻易被人说教或蛊惑，实际上蕴含着强大的力量。

具有冬季型性格的人能凭自己的实力完成要做的事，幸福安然地工作和生活，而且事业比较成功，生活也会比较顺遂。

为什么这样说呢？答案就在冬季型性格的优点中。

第一，仁慈善良，喜欢关心和同情他人。

冬季型性格者是全世界最好的聆听者，因为他总能静下心来面带微笑地倾听别人说话，同时表达对别人的关心和体谅，所以很容易结识真正的朋友，在危难时刻也总有贵人出手相助。

第二，能够多方位思考，解决问题趋于折中。

冬季型性格的人对人际关系的处理往往非常到位，很多时候虽然自己心里有不同的想法，但他能为别人着想，设身处地地考虑问题，同时，为了避免破坏和谐的关系而答应别人的要求或采取折中的办法。这种性格会使其受到能力型领导的青睐，成为领导的左膀右臂而得到庇护。

第三，能够笼络人心，进而成就大事。

冬季型性格者尽管表面上看来温和可亲，可一旦愿意承担责任，往往就能成为知人善用的领袖，从而做出杰出的贡献。仔细观察我们会发现，有相当多的社团领袖和企业家都具有冬季型性格特征，这是因为他们具备发觉和笼络更多有才能的人为之服务的能力，同时乐于为人才提供资源和空间，搭建舞台，促进所有人同心同德，齐心协力把事情做好。

第四，感情丰富却御人有道。

一般来说，冬季型性格的人会让对方感觉比较轻松，作为父母，他们通常是孩子们眼中最随和可亲却又坚守原则的人，因为他们虽然不会用大人的标准对孩子进行苛求，让孩子顺应天性，但是遇到原则问题，则会讲求方法，不会纵容，也不会威胁逼迫。作为领导，他们会体贴和肯定员工的付出，臧否有道，让员工在轻松的氛围下工作，也能让他们自觉自律。

第五，凡事泰然处之。

冬季型性格者在生活中都很随和，乐天知命，能够适应一成不变的平静生活，也能在变化中随遇而安。他们强调和谐和低调，处世冷静且有耐心，遇到突发事件，会听取更多不同意见，并做出公平抉择，鼓励当事人，而不是指责和推诿。

除此之外，恪守职责、善于协调也是他们性格中重要的组成部分。只不过他们性格中的弱点也很明显，那就是缺乏主见，容易轻信他人和妥协，一旦过度，容易被人利用或习惯于委曲求全。

当然这些缺点并非不能避免，可以有意识地做出几点调整：一、注意自己的言行，避免一味迁就和讨好他人，要关注自己的内心，勇敢说出自己的想法和需求，勇敢地说"不"；二、肯定自己的优点，接受自己的缺点，同时相信自己可以克服缺点，保持自信，也要努力上进；三、告诉自己，你很重要，"你是一个重要的人，很多人需要你，无论对工作而言，还是对家人朋友而言"；四、给自己改变的时间，不苛求，不急于求成，你要相信，你的好是自然而然的存在，无须刻意证明。

Chapter 2

看透自己的思维类型，找准优势更易成功

思维大不同，优势人人有

俗话说"金无足赤，人无完人"，每个人生来与众不同，性格的差异造就了思维方式的不同，每种思维方式又各有其优势，因此优势人人都有，不同的人优势各有不同，而只有合理利用自己的思维类型，取长补短，才能将自身优势发挥到极致。

美国有一则寓言故事，讲的是森林里开办了一所学校，并为小动物们开设了几门课程。第一天是跑步，小兔子大展风采，其他动物则垂头丧气。小兔子回家告诉妈妈，这个学校太好了，他很喜欢。第二天是游泳课，小兔子和别的小动物傻眼了，只能眼睁睁看着小鸭子兴奋地游来游去。接下来的几天分别是唱歌课、爬山课等，总有小动物擅长或者不擅长，因此几家欢乐几家愁。

这个寓言故事告诉我们，我们不能指望一个人用自己的缺点去取得成功，而应该依靠他的优势。

世界上没有完美到无所不能的人，可是每个人又都是独特的存在，只有认清自己的优势，并将其发挥到极致的人，才能走向成功。

很多人总觉得别人优秀，自己就相形见绌。其实，他们完全没有必要因此妄自菲薄，只要找到适合自己的思维方式，并且认清自己的优势所在，着重培养，让自己拥有一项技能，并做到精益求精，在某个领域有所突破，你就会发现自己原来也如此优秀。

在日常生活中，我们会发现每个人都有着各自不同的思维类型。有的人重于感性思维，善于创新，思维跳跃性很强。有的人重于理性思维，善于推理，逻辑性很强，具有很好的数据分析能力，比如，刑警在侦破案件时通常用的就是逻辑思维方式。

有两个人一起出差，其中一个人看到街上有一老妇在卖一只黑色的铁猫。他发现铁猫的眼睛异常漂亮，仔细观察之后，他断定猫眼是宝石做成的。他不动声色，又软磨硬泡，终于使老妇答应只卖给他一双猫眼。

同伴了解了前因后果，斩钉截铁地付钱给老妇，把整只铁猫抱了回来。买到猫眼的那个人认为猫身上最有价值的东西已经被他取走，对同伴的行为疑惑不解。

　　同伴没有回答他的疑问，而是取来锤子，使劲地敲打铁猫的身体，铁屑掉落后，两个人惊讶地发现这只铁猫的内质居然是用黄金铸成。

　　买走铁猫玉眼的人是按正常思维思考的，他认为铁猫的玉眼很值钱，取走便是。但同伴断定：既然猫的眼睛是宝石做的，那么它的身体肯定不会仅仅是铁。正是这种理性思维使这个同伴摒弃了铁猫的表象，发现了猫的黄金内质。

　　人类在改造世界的同时，形成了具有特殊结构和功能的感觉器官，即对外部世界的实践关系制约着感性认识的方向。擅长感性思维的人，想象力非常丰富。在思考事物时依靠的是直觉、悟性，属于定性思维，由人的右脑完成，这种认识是在实践的基础上形成的。善于感性思维方式的人通常对艺术类、设计类、文学类、音乐类有自己独特的见解，并可能有所建树。

　　一个中国人移民到美国，和别人有了冲突需要打官司，他询问律师要不要请法官出来坐一坐或者给法官送点儿礼。律师一听大骇，连忙阻止说，如果送礼，就代表自己理亏才想通过这种行贿方式胜诉，官司必败无疑。

　　几天后，律师刚从法庭里出来，就打电话给他的当事人，说官司打赢了。那人却平淡地说早已知晓结果。律师感到莫名其妙，这个中国人说："我给法官送了礼，不过我在邮寄单上写的是对方的名字。"

这个中国人的做法是否道德我们暂且不论，但他具有很典型的感性思维，既然你们美国人认为给法官送礼是理亏，那我就以对手的名义送礼，这样理亏的就成了对手。

虽然每个人的思维各有不同，但无论你属于什么思维类型，总会有自己的优势。正所谓"天生我材必有用"，只要你怀着这样的信念，充分发掘自己的闪光点，就会在迈向成功的路上一帆风顺。

每种思维都是天赋的显现

每个人从出生时就具备了学习能力和思维方式。

人类思维的本质特征在于它是以词为媒介的对现实的反应，是对信息进行多层次概括处理的过程，这也是人类区别于动物的根本所在，具有创造性、预见性和超越现实的能力。

根据不同的分类方法，思维可以分为不同的方式和类型，一个人无论具备哪一种或哪几种思维方式，都是自身的天赋。但是每个人又可以通过后天的研磨和学习，获得某些思维能力。一个人严谨认真也好，幽默洒脱也罢，性格不同，就有不同的思维方式，同时思维方式也会反过来影响性格。也就是说，我们可以通过一个人的性格去揣摩他的思维方式，同样可以通过思维方式去了解一个人的性格。我们对自己的了解也应该如此。

找准你的思维类型，做起事来事半功倍

奥托·瓦拉赫是德国著名的化学家，1910 年诺贝尔化学奖的得主。他的化学天赋的发现极其富有戏剧传奇色彩。

他出生于柯尼斯堡，父母一直企盼他将来能从事文学创作，可是一位初中老师给他的期末评语击碎了他父母的美梦。老师说："瓦拉赫很用功，但过分拘泥，这样的人即使有着完美的品德，也绝不可能在文学上有所成就。"

父母万般无奈之下，决定尊重儿子对油画的热爱和学习欲望，可是奥托·瓦拉赫无论是构图、润色，还是对艺术的理解，能力和表现都泛泛，始终不开窍，在班里成绩倒数第一，学校的评语更是直接宣判他走艺术之路毫无希望："你是绘画艺术上不可造就之才。"

面对如此"愚笨"的学生，父母和很多老师对他成才这件事心灰意冷。这时，化学老师看到了他做事一丝不苟的良好品质，认为这是学习化学的必备主观条件，并建议他尝试学习化学。于是奥托·瓦拉赫的天赋终于被挖掘，智慧的火花一下子被点燃了，他走上了化学研究的科学之路，并且最终享誉世界。

这位文学和艺术上"不可造就之才"一下子变成化学方面"前程远大的高才生"，他的成功说明了一个道理：人的智能发展是不均衡的，都有强项和弱项，只要找准自己的思维类型，就好像人生的路上有了指南针一样，不仅可以帮你找到人生为之奋斗的方向，还可以让你在迈向成功的路上少走弯路。所以你需要培养个人的兴趣爱好，从而找到属于自己的指路明灯。

从心理学角度，根据思维的不同形态，思维可以划分为动作思维、形象思维和抽象思维三种类型。

那么，想要更好地找到自己的优势所在，就必须要了解自己属于哪一种思维类型，具备什么样的性格特征。下面这个测验，能够帮助你大概地了解自己属于哪种思维类型，共有 15 道题，每道题要按实际情况回答"是"或"否"。

1. 我经常自己找到自行车的故障所在。

2. 在去某个地方前，我脑中会出现各种可能的道路。

3. 我作文写得很好。

4. 我总是能自己修理家里坏掉的电器。

5. 我数学学得相当好。

6. 我总能用不同的词语表达同一事物。

7. 学跳舞时，我能很快地理解各种复杂的舞步。

人的智能发展是不均衡的，都有强项和弱项，只要找准自己的思维类型，就好像人生的路上有了指南针一样，不仅可以帮你找到人生为之奋斗的方向，还可以让你在迈向成功的路上少走弯路。

8. 我能制作复杂的机械图形。

9. 我总能用流畅的语言表达一件事。

10. 我学骑自行车学得很快。

11. 我平时总是能借助脑中的图像思考问题。

12. 我总能准确地理解许多人难以理解的理论。

13. 当我操作家用电器时总能产生灵感。

14. 我平时总借助语言思考问题。

15. 我能很快地概括出某一玩具的本质特征。

测试规则：每道题答"是"的为1分，答"否"的为0分；将1、4、7、10、13的得分加起来为A，将3、6、9、12、14的得分加起来为B，将2、5、8、11、15的得分加起来为C；比较A、B、C的高低。

如果A最高，表明你的直观动作思维能力强。动作思维的特点是思维与动作不可分，在实际操作中，往往借助触摸和摆弄物体产生和进行。例如，儿童在学习简单的加减法时，常常借助数手指的行为；如技术工人在对机器进行维修时，会一边考虑问题一边检查原因，直到排除故障。一般人的动作思维是在经验的基础上完成的。对复杂的动作和让所有人头脑发懵的机械原理的理解和运用，你都会得心应手。

如果B最高，表明你的直观形象思维相当不错。因为形象思维往往要依靠强大的语言思维将形象完整、准确地描述出来，达到内在和外在世界交流和沟通的目的。形象思维突出，所以能够语言流畅，修辞得当，观点明确，那么在从事各项工作中都能游刃有余。

如果 C 最高，表明你的抽象逻辑思维能力很强。在通往目的地的方向出现了若干条道路，为了更快地到达指定地点，你的头脑中会出现通往目的地的最近路线图，这个过程是在逻辑的分析、比较中做出的选择。在人们解决复杂问题时，清晰有致的逻辑常常有助于思维的有效发挥。那么你在上学的时候，偏爱解答数学几何题，工作以后，你在图案的理解设计方面也会独到而迅速。

行动中的思维
——直观动作思维

顾名思义，直观动作思维就是指在行动中展开的思维方式，又称直觉行动思维，主要以直观的、行动的方式进行，也就是说以实际操作来解决问题，而且解决问题的方式很直观，很具体。

从人类认识的发展过程来看，这种思维是一种较为低级的思维，较多地表现在幼儿或学龄前儿童的身上，他们运用这种思维方式来探索和认识世界。比如幼儿或儿童在摆弄玩具时，开始并没有一个总体的构思，不知道最终会摆成什么样子，他们会一边摆弄一边思考怎么进行下一步动作。他们只能在实际操作中对物体进行分析、综合，直到自己认为满意为止，这时动作会停止，思维也跟着停止。

当然成人也具有这种思维，只是它在生活中逐渐显得次要，通常只会在一些特定的场合下表现出来。比如维修师修理电视机时，在打开电视机的过程中，几乎总是要先看见零件，再思考如何把它拆卸下来，然后不断重复动作，直到完全把电视机拆开，动作完毕，他的思维也就停止了。

很显然，直观行动思维离不开人类对事物的感知和自身的摸索动作，这种思维方式通常会依据动作以及动作触及的事物进行。因为这种思维一般体现在婴幼儿时期，所以我们拿幼儿来举例说明它的相关特点。

第一，具体性和行动性。动作是思维的基础，是解决问题的手段，是具体的思考内容。人类在思考问题时，总是借助于具体事物的表象。通常幼儿容易理解那些代表实际东西的概念，不容易掌握抽象的概念。

比如"水果"这个词语比较抽象，而"苹果"这个词显得较为具体，所以幼儿掌握"苹果"这个概念比"水果"更容易。比如对刚入园的幼儿来说，"小朋友"这个词是不具体的，每个幼儿的名字才是具体的。如果老师说："吃完饭的小朋友把勺子放到柜子里去！"刚入园的幼儿可能几乎没有反应。老师如果说："明明，把杯子放到柜子里去吧！"这时叫明明的孩子就能理解老师所说的意思。

第二，经验性和概括性。比较和区别物体的特性，遇到类似情境即采用同样行动，这通常由生活经验得来。

优秀的技师在修理机械时，通常都是依靠经验独自琢磨，他们在反复的拆装实验中总结经验。在进行具体维修时，他们一边检查一边思考可能是什么原因导致故障，直到发现问题所在。猜测的这些原因就是基于以往修理的经验和理论总结。

第三，缺乏对行动结果的预见性和计划性，属于固定性思维。比如幼儿通常比较较真，在课间游戏时，所有人都在等老师发玩具，发到中途时，玩具发完了。老师只好从另一个屋子拿出别的玩具，他们却可能通常不肯要，即使没有区别，剩下的玩具孩子也会觉得不一样。

第四，思维内容只根据表面现象进行，有一定的狭隘性，只反映事物的表面联系，不能反映本质。在幼儿园，当老师给小朋友出示两个一样大的橡皮泥，并让他们确认是一样大小，随后老师把其中一个捏成长条，另一个捏成圆形，小朋友就认为它们不一样了。

第五，思维和语言有联系时，出现形象性特点。幼儿的头脑中充满了各种各样的颜色和形状等事物的生动形象，他们往往喜欢把动物或一些物体看作人类对待。他们经常会认为爷爷都长着白胡子，穿军装的都是解放军叔叔，所有的兔子都是白的，太阳公公的脸是红的，风是有人吹出来的……

直观动作思维是幼儿时期没有经过逐步分析就迅速对问题答案做出的猜测、设想，遵循一定的规律变化，这类思维会随着经验的积累逐渐转化为理性思维。

作为一名成年人，在直观动作思维的基础上，我们必然会养成其他的思维方式，但无论运用何种思维方式，直观动作思维都是极为重要的，唯有将其掌握好，才能在工作和生活中拥有更好的思维能力，进一步获得成功。

拥有强大的语言能力
——直观形象思维

直观形象思维是依靠对形象材料的认识和领会来得到理解的思维。从信息加工角度，可以理解为它是通过主体表象、直感、想象等形式对研究对象有关的形象信息以及储存在大脑里的形象信息进行加工的过程。换句话说，就是思维的主要材料是事物的表象或形象，或是记忆中所保持的客观事物形象。

人们通常认为科学家用概念来思考，艺术家用形象来思考，其实这是一种误解。形象思维并不仅仅属于艺术家，同样也是科学家发现和创造科学的一种重要思维方式。

爱因斯坦是著名的理论物理学家，相对论的创立者。一天，他正坐在伯尔尼专利局的椅子上，突然想到，如果一个人自由下落，他是不会感觉到他的体重的。爱因斯坦说，这个简单的理想实验对他的影响很深，竟把他引向了引力理论，并使他在物理领域获得了骄人的成绩。

适当运用形象思维，对具体的事例运用抽象化的方法，能够将表现一般和本质的现象加以保留，使之得到集中和强化。而了解形象直观思维的基本特点，可以使一个人更好地发掘深度思维，达到思维的强化和统一。

那么直观形象思维，究竟有哪些特点呢？

第一，形象思维最基本的特点就是形象性，它所反映的对象是事物的表体，具有意象、直观、想象等观念，所表达的工具和手段是能为感官所感知的图形、图像、图式和形象性的符号，使其具有生动性、直观性和整体性的优点。

朱自清在《背影》中的描述，让我们切实感到了深沉的父爱。在这里，他对父亲形象的加工过程就是利用人们的形象思维方式去描绘的。

　　父亲是一个胖子，走过去自然要费事些。我本来要去的，他不肯，只好让他去。我看见他戴着黑布小帽，穿着黑布大马褂，深青布棉袍，蹒跚地走到铁道边，慢慢探身下去，尚不大难。可是他穿过铁道，要爬上那边月台，就不容易了。他用两手攀着上面，两脚再向上缩；他肥胖的身子向左微倾，显出努力的样子。

作者在行文中不断调集有关表象的外貌描写，从形象者身上提取有关的细微部分，然后再将这些局部表象按照一定的结构方式有机地组合成一个整体形象，为读者展现了一个父亲爱子心切的画面。

第二，形象思维不是对信息简单地进行首尾相连的、线性的加工，而是调用许多形象性的材料，契合在一起形成新的形象，或跳跃到另一个形象。它可以使思维主体迅速从整体上把握住问题，这种思维结果有待于逻辑的证明或实践的检验。

鲁迅先生之所以在作品中刻画阿Q、孔乙己、祥林嫂等这样的形象，正是因为他们集中了现实人物形象的特点，而且比现实的形象更典型，更理想。

阿Q在形式上打败了，被人揪住黄辫子，在壁上碰了四五个响头，闲人这才心满意足的得胜的走了，阿Q站了一刻，心里想，"我总算被儿子打了，现在的世界真不像样……"于是也心满意足的得胜的走了。

诸如此类的精神胜利法在很多国民身上都曾展现过，这正反映了当时国民面对压迫和迫害时所形成的自欺欺人的性格特点。鲁迅借一个人物形象集中地反映了当时国民的劣根性，这种在作品中呈现大众影子的手段就是思维方式的一种形象体现。

第三，形象思维的主体运用已有的形象形成新形象的过程，不满足于对已有形象的再现，更致力于追求对已有形象的加工，从而获得新形象产品的输出。富有创造力的人通常会具有极强的想象力，正是因为他展现出了形象思维的创造性。

冰心在《纸船——寄母亲》一文中，运用丰富的想象寄托对母亲的思念。

　　我从不肯妄弃了一张纸，总是留着——留着，叠成一只一只很小的船儿，从舟上抛下在海里。有的被天风吹卷到舟中的窗里，有的被海浪打湿，沾在船头上。我仍是不灰心的每天的叠着，总希望有一只能流到我要他到的地方去。母亲，倘若你梦中看见一只很小的白船儿，不要惊讶他无端入梦。这是你至爱的女儿含着泪叠的，万水千山，求他载着她的爱和悲哀归去。

理解形象思维需要注意的是，人们头脑中储存或加工的多为感性情景，所以掌握的程度也多处于感性水平，如果运用不当，就会成为机械的模仿。东施效颦的成语故事说的就是东施不顾自身条件，盲目效仿病西施捧心的姿态，妄图让别人也称赞她的美丽，却没有收到预料的效果，反而弄巧成拙，被人讽刺。抛开成语寓意不提，这里东施的思维方式就是形象思维，构思加工的动作和场景很大程度上都是她对病西施的感性形象的认知，即她见识到了西施的病态美，在头脑中储存了西施捧心的姿态和表情，却没有考虑到自己容貌和西施容貌的不同而造作模仿，终于授人以笑柄。

由此可见，直观形象思维虽然以真实为前提，但一定要让联想和想象在其中占据重要的地位。因为合理适当的联想和想象会对创造性意象所展开的内容进行分析和综合，并在特定的环境、事件和情节中展现自己的思想内容。

拥有运用好这一思维方式，不仅可以让你的思维更加缜密，更能让你拥有强大的语言能力和描述能力，而这些都能助你在未来的工作和生活中拥有更多机遇。

超强的理性思维
——抽象逻辑思维

有一则很著名的智力游戏题，叫作"树上还有几只鸟"，就是典型的逻辑思维案例。"还有九只鸟"的答案显然简单直接又粗暴。"还有一只鸟"则是以社会实践为基础，进行深化思考和推理判断：我们要思考枪是什么样的枪，声音有多大，鸟是否自由，有没有生理缺陷，有没有傻鸟，是不是真的被打死，甚至要考虑打这种鸟会不会犯法，目击人是不是眼花，打死鸟这种事是不是真实，最后，我们还要想，打死的那只鸟，是掉在地上了，还是挂在了树上。看，不同的设定条件，就会有基于此条件而发生不同的结果，这是因为很多事情的发展是在一定的逻辑关系上发展下去的，具有一环扣一环的次序性和结构性。

抽象逻辑思维是人类思维的核心形态，是一种反映事物的本质属性和规律性联系的思维方式，即这种思维是根据概念、判断和推理的形式解决问题，属于思维的高级阶段。抽象思维既有确定性，又有灵活性，强调反映事物内在矛盾的统一。它主要包括正向思维、逆向思维、横向思维、发散思维。

首先，我们来了解一下正向思维。通常我们会把常规的思维叫作正向思维，也就是人们常说的垂线思维，即在日常运用中，一个人只能在一个时刻做一件事，只能在一个时刻朝着一个方向前进。正向思维就是朝一个方向思考，它对事物的过去、现在做了充分分析，在事物发展规律上做了充分了解的基础上，推知事物的未知部分，提出解决方案。

早在 1994 年，汽车就已成为发达国家的交通灾难，汽车阻塞、交通事故、环境污染等问题成了发达国家日益严重的问题，最终激起法国农民罢工。这次暴动不是以传统的示威游行的方式进行，而是开车游行，农民把车停在交通要道上，让车静坐。

解决此类问题，市政可以增加警力进行疏通，也可以增修高速公路立交桥，保证畅通，还可以限制车辆上路时间，但这终究治标不治本。沿着正向思维思考，要想真正解决问题，就要思考汽车究竟给人民生活、环境、社会发展和安全等方面带来了哪些便利条件，又有哪些不足，然后找到解决办法，比如发展公交事业、提倡公民乘公共交通汽车等。

逆向思维是人们重要的思维方式，也叫求异思维，它是对司空见惯的似乎已成定论的事物或观点反过来思考的一种思维方式。比如当大家都朝着固定思维方向思考问题时，你却独自朝相反的方向思索。

对于一些问题，人们习惯沿着事物发展的方向去思考并寻求解决办法。其实一些特殊问题，反过来思考，从结论往回推，或许会使问题简单化，有时还会因此改变事态的发展。

司马光小时候和伙伴们一起玩耍时，为了救掉进水缸里的小伙伴，运用逆向思维砸破水缸，成功挽救了小伙伴的生命。遇到此类事情发生，一般人的常规想法是救人离水，而司马光在面对紧急情况时逆向思考，果断地把水缸砸破，让水离人，达到了救人的目的。

这种思维方式在各个领域和活动中都很适用，是对传统、惯例、常识反过来思考的方式。

另外，还有横向、向宽处发展特点的横向思维。拥有这种思维方式的人善于举一反三，思维像河流一样，顺畅流淌，遇到宽处，自然蔓延开来，但是往往深度不够。

一百多年前，在美国加利福尼亚淘金热期间，一位年轻的创业者带着帆布来到这里贩卖以供淘金者做帐篷之用。他认为，成千上万的人聚集在一起挖金矿，那里肯定需要帐篷。不幸的是，天气很温暖，矿工们都是露天睡觉，根本没有人买他的帐篷。

他几近绝望的时候，突然有人过来问他会不会补裤子，他突然发现这里的人因为工作时间长，裤子常常被磨得破烂不堪。他灵机一动，将帐篷的帆布割下来，做成了世界上第一条耐穿的工装裤，并把它卖给了那里的矿工。这一举措不仅让他取得了大量订单，还开创了"牛仔裤事业"的新起点。

这个运用横向思维的人就是莱维·施特劳斯，世界上发明牛仔裤的人。像他这种具备横向思维的人，不会局限在固定的想法中，而会打开思路，向另一个方向延伸，思维视野广阔，能够沿着不同途径思考，探求多种答案。

最后，我们再来研究一下发散思维。发散思维是一种在大脑中呈现的一种扩散状态的思维模式。发散思维又称辐射思维、放射思维、扩散思维或求异思维，是通过从不同方面思考同一问题，如上学时的"一题多解""一事多写"等方式，都是培养发散思维能力的方法。

有个小男孩很小就崇拜大侦探福尔摩斯，立志考取警探学校，希望自己也可以像福尔摩斯一样神奇地破获各种疑难案件。他在18岁时，参加了一所侦探学校的招生考试，试卷上有一个问题是这样的：一粒沙子藏在哪里最不容易被发现？人藏在什么地方最不容易被发现？看到这个问题，他想了很久，在发散思维的影响下，他灵机一动，在试卷中写道：沙子藏在一堆沙子中不容易被发现，人藏在人群中最不容易被发现。

这个答案让他顺利考取了侦探学校，因为如果要做一名合格的警探人员，必须要有过人的智慧和独特的思维方式。这种不拘泥于传统，遇到问题懂得运用独特的见解和思维方式的做法，往往能在特殊的环境中出奇制胜。

我们知道，联想会让思维的泉源汇合，而抽象逻辑思维方式就为这个源泉的流淌提供了广阔的通道。在工作和生活中，只要你拥有抽象逻辑思维，并善于运用，凡事就能达到事半功倍的效果。

🖋 创造性思维、批判性思维和无声思维

除以上分类方法，根据表达方式的不同，思维可分为创造性思维、批判性思维和无声思维。

首先创造性思维是以感知、记忆、思考、联想、理解等能力为基础的发散性思维，综合了推理、想象、联想、直觉等思维活动，是多角度、多侧面、多层次、多结构去进行创作和创新的过程。通常是在已有的信息模式上，提出更多的假设和尝试。

第谷是丹麦天文学家，他观察行星运动长达 30 多年，积累了大量材料，但是他的思维总是停留在固有的理论"地心说"上，一直没有得出行星运行规律的最终结果。

开普勒成为他的助手后，分析所有资料，进行空间结构思维，按照当时哥白尼"日心说"的观点，假设火星在圆形轨道上绕太阳运行，然后进行时间和空间的集中思维，发现理论计算结果和资料不符。经过多次集中思考，开普勒最终发现了行星运动的三大规律，奠定了天体力学的基础。

开普勒的成功在于没有停留在固有的思维方式上，而是进行了思维的发散。这也表明人类思维既有对客观事物本

质属性的认同，又有对事物之间的内在联系规律做出概括的反映。

高斯是德国著名数学家、物理学家和天文学家。他上小学的时候，老师曾给学生们出了一道数学题：1+2+3+……+100=？一般的学生都会依次地相加计算，而高斯通过观察和思考，用了一个简单的乘法公式快速写出了5050的答案，即（1+100）+（2+99）+（3+98）+……+（50+51）= 101×50 = 5050。

在这里，高斯运用的就是创造性思维。创造性思维往往与创造活动联系在一起，这就是它的显著特点。

上面的事例明了地告诉我们：思维者要拥有对事物辨别、分析的能力，要多方面、高角度地看待事物的发展，要具备想象、创新的能力。这是人们在社会上更好生存和发展的必备条件。

批判性思维，就是以充分的理性和客观现实为依据，不依靠感性和传闻而进行客观或趋于客观的分析、评估和判断的思维认知活动。即思维者要具有客观评估和评价的意愿，也有不为个人感情、感性认识和传闻或未经证实的猜测所左右和控制的能力。

郑袖是战国时楚怀王的宠妃，性情残暴好妒。楚怀王派人攻击魏国时，魏惠王赠送了一个美人，希望楚国退兵。楚怀王移情魏美人，郑袖失宠。郑袖于是怀恨在心，伺机报复。

郑袖假意体贴魏美人，得到魏美人信任，于是告诉魏美人说大王很喜欢她，只是对她的鼻子不满。魏美人信以为真，每次见到楚怀王都要掩鼻，搞得楚怀王莫名其妙。楚怀王问郑袖原因，郑袖就说魏美人嫌弃楚怀王身上有狐臭味。骄傲的大王感受到了魏美人满满的恶意，一怒之下，命人割掉了魏美人的鼻子。于是郑袖复宠。

无论魏美人也好，楚怀王也好，他们有疑惑却不直接彻底询问对方这一点我们暂且不提，只说他们都轻信别人的话，完全不具备批判性思考的能力，最终一个被劓刑失宠，一个失去了心思单纯的妃子——虽然对于大王来说，宠妃如浮云。

如果他们当时都能抓住问题的关键，质疑之后进行亲自询问，就属于批判性思维，那么一场美人割鼻的悲剧或可避免，甚至可能不至于那么快亡国。

无声思维就是思维者自己默默思考的一种内部语言调配和重组概念的思维方式。在这里，语言规范的作用被压缩，一些语法或词语在决定思想上的作用远不如无声的形式好。我们常说的"此时无声胜有声"就是典型的无声思维。无声思维锻炼的是人类的联想和想象能力，需要直接利用大脑这个平台加工整理问题。比如我们可能一直在思考一个问题的答案而久久不得其法，可是突然有一天因为一个契机的相关联而得到了结果，你顿开茅塞，豁然贯通。

以上这些思维方式各有各的特点，在现实生活中，每个人的思维方式都会有所差别，对于同一句话，每个人在理解时所用的思维方式不同，得到的结果就会不尽相同。而且有的人会运用一种思维方式，有的则会运用多种思维方式。所以只有准确了解自己的思维类型，学会运用正确的思维方式，你才能更快更稳当地获得成功。

Chapter 3

看透自己的习惯，让你的人生更高效

好习惯成就一生，坏习惯误人一世

什么是习惯？《现代汉语词典》给了我们这样的解释：习惯是"在长时期里逐渐养成的、一时不容易改变的行为、倾向或社会风尚"。简而言之，习惯就是一些长时间养成的类似"固定模式"的行为，比如每天晚上要抱着毛绒玩具入睡，喜欢用勺子而不喜欢用筷子吃饭，走路总是站在他人左边等。

很多习惯完全可以通过长时间接触或有意识的培养而形成，而且有"近朱者赤近墨者黑"的可能性。正是因为这种特性，习惯被分成好习惯和坏习惯两种。

日常生活中，好习惯显而易见，比如按时锻炼、做事有条理、先计划再行动、尊敬师长、热爱劳动等。而坏习惯有时则"潜伏"较深，不太容易被发现，比如遇事总喜欢往坏处想、容易自卑、喜欢把责任推给别人等。

无论什么样的习惯，总会在潜移默化中影响着你的生活，而且习惯不同，带来的影响也截然不同——好习惯成就一生，坏习惯误人一世。这当然不是危言耸听。

在《克雷洛夫寓言》中有这样一则故事：有位技艺超群的骑师经过多年的艰苦训练，培训出一匹好马，长久的接触使他和马之间互相了解，感情也与日俱增。他开始觉得对这匹马来说缰绳是多余的，于是有一天，骑师骑马出去时，心血来潮就把缰绳去掉了。马儿顿时感到轻松无比，在原野上尽情驰骋起来。骑师轻轻呼唤马的名字，让它停下，不料挣脱了束缚的马得到自由，胆子大了起来，根本不听骑师的话，反而越跑越快，最后不仅把骑师重重地摔了下来，还因为一路狂奔刹不住脚摔下了深谷，粉身碎骨。

相关科学研究证实，人们每天有高达90％的行为都是出自习惯的支配。对马来说，已经习惯被套上的缰绳是松不得的，而对于人来说，好不容易养成的好习惯更是不能更改。因为人类每天所做的每件事，几乎都要靠着习惯的指引。

某天，井然有序的高中校园一个班级突然起火，该班同学顿时慌了阵脚，你推我拥，都想赶紧逃跑，结果教室的门被堵得水泄不通。这时有位同学高声喊道："大家不要慌，男同学站在一边，让女同学先出去。"很快，大家按照这位同学的指挥安全有序地离开了教室，无人受伤。而在十几年

　　无论什么样的习惯，总会在潜移默化中影响着你的生活，而且习惯不同，带来的影响也截然不同——好习惯成就一生，坏习惯误人一世。

前一个商厦的火灾中，由于秩序混乱，无人指挥，人们堵塞了大门和消防通道，最终造成近 120 人伤亡的惨剧。

可见，无论任何情况之下，服从命令、听从指挥、维持良好秩序的习惯对一个人来讲是多么的重要。

列宁是个十分讲究效率的领导者。一次他收到了来自察里津前线的急电，说是向总部机关发出的支援武器和服装的要求迟迟等不到回音。列宁马上派人将电报送到军需供给部，并亲自给部长打电话："我是列宁，派人送去的电报收到了吗？"

"抱歉，没收到。"部长对列宁的突然来电感到奇怪。

"请查收一下邮件！"

"我这就去，然后给您回电话。"

"不，不，我等着。"

听到列宁这样说，部长马上亲自检查邮件，结果电报找到了。他说："我这就去跟同志们商量，然后给您回电话。"

"不，不，我等着。"

于是部长立刻召集下属们开会，安排好了一切，然后在电话中告诉列宁："任务布置下去了，我立刻和军械服装管理处联系，有了结果再打电话告诉您吧。"

"不，不，我等着。"

15 分钟后，察里津来电，说问题解决了，列宁才放心地放下电话。此后，军需供应处的工作作风发生了翻天覆地的变化，再也没有因为拖延的习惯而耽误公务的事情发生了。

由此可见，一个具备良好习惯的领导者可以影响一个团队，同样，能够自律的家长能够为自己的孩子做出榜样。

人生在世，无论是知识的积累、才能的增长还是素质的提升，都和良好的习惯有关，也都要依靠良好的习惯来支撑。既然你已经充分认识到习惯的重要性，那么就要好好培养自己的行为习惯，让自己从不自觉到自觉，从有意识到无意识。生活有规律，工作有目标，学习有兴趣，交友能宽容，做事有条理，人生就成功了大半。因此，想拥有璀璨的人生，你必须从养成好习惯做起。

聪明取决于智商，成功取决于习惯

很多人以为人们智力的高低与天赋有着很大的关系，甚至如长相一样与生俱来，很难更改。但事实上，除了个别人异常突出之外，每个人出生的时候智商其实差别并不大。

既然如此，为什么长大后有人成为万人瞩目的成功人士，而有人却只能默默无闻、碌碌无为地度过一生呢？其实这主要取决于习惯。

不管父母赋予了你怎样的智商，只要你在成长的过程中养成了良好的习惯，就完全可以在它的帮助下赢得成功，因为只有它才能让我们更充分地开发自己与生俱来的潜能，更能帮助我们构建人生和事业的格局。

某个没有继承人的富豪，死后将自己的大笔遗产赠送给了一位家境十分贫寒、依靠乞讨为生的远房亲戚。这位接受遗产的乞丐摇身一变成了百万富翁，让众人无比羡慕。

有记者跑去采访这位幸运的乞丐："请问，你继承了遗产之后最想做的事情是什么？"

他想也没想，毫不犹豫地回答道："我要去买一个好一点儿的碗和一根结实的木棍，这样我以后再出去讨饭时就能方便一些了。"

虽然这只是个笑话，但在博人一乐的同时，我们不难看出习惯的力量多么惊人。习惯在不知不觉中，经年累月地影响着我们的行为和工作效率，干预着我们的思想，支撑着我们的格局，左右着我们的成败。

前面我们提到过，科学研究证明，一个人一天的行为中，大约有 90% 的行为都是习惯性的，也就是说我们绝大多数时间都在受习惯的支配，即便是打破常规的创新，最终也会演变成习惯性的创新。

伟大的哲学家亚里士多德曾经说过："人的行为总是一再重复，因此卓越不是单一的举动，而是习惯。"他的意思是说，习惯是决定一个人能否成功的重要依据，即在实现成功的过程中，聪明才智所占的比例并不大，除了要不断激发成功欲望，要有信心，有热情，有意志，有毅力，更重要的就是养成良好的习惯，进而实现自己的目标。

纵观古今中外历史，我们不难发现，大多数伟大人物的成就和他们良好的习惯都是密不可分的。

美国历史上最令人尊敬的、堪称楷模典范的总统华盛顿，从小就拥有诚实的好品质，而且从小到大总会随身带着一本名为《与人交谈和相处时必须遵循的文明礼貌规则110条》的小册子。正是这些良好的习惯成就了一位伟大的总统。大文豪托尔斯泰终生热衷于体育运动，而这一良好习惯使得他总能以充沛的精力去完成大部分的巨著创作。美国伟大作家马克·吐温的好习惯是每天清晨默读写在墙壁上的好词和佳句，这为他此后写出脍炙人口的作品奠定了坚实的基础。马克思在撰写《资本论》时仍坚持每天演算数学题，用来培养逻辑思维能力。达尔文的习惯则是随时随地观察大自然，这为他的科研工作积累了大量的第一手资料……

西班牙最伟大的天才小提琴家萨拉萨蒂对于"天才"的赞誉不屑一顾，他说："天才？！37年来每天我都苦练14小时，如今居然有人称我为天才？！"萨拉萨蒂清楚地知道，他之所以成为如此杰出的小提琴家，并非与生俱来，更不是智力高超，而是每天坚持不懈地习惯性练习成就了他卓尔不群和耀眼的辉煌。

心理学巨匠威廉·詹姆士说："播下一个行动，收获一种习惯；播下一种习惯，收获一种性格；播下一种性格，收获一种命运。"

也有人说："今日的你是你过去习惯的结果；今日的习惯，将是你明日的命运。"

当你真正改变所有让你不快乐、不成功的习惯模式，养成有助于未来的好习惯，那么你的生命将充满活力，你的成就也会越大，你的命运将会改变。

有人也许会认为，习惯这东西不是一天两天就能培养出来的，成功也并非一蹴而就，因此往往望而却步。但是毕竟好的习惯会成为顽强而强大的力量，让一个人生活自律，工作有道，甚至会成为一个人事业成功的有效助力。那么，究竟如何才能养成良好的习惯，克服和摒弃不良习惯呢？下面的建议或许可以为你提供参考。

首先，要确定你要养成什么样的习惯，确定这种或这些习惯需要做哪些事情。

其次，设定短期小目标和时间节点，并在一定的时间节点完成小目标后，进行记录，可以对自己给予合适的奖励。

再次，要充分认识到，好习惯的养成不是一朝一夕的事情，不能急于求成。

最后，要坚持不懈，遇到一时的挫折不能轻言放弃。

必要的情况下，为了让自己尽快更好地养成良好的习惯，可以和有同样需求的朋友一起进行，并请家人或朋友进行监督。经过一段时间之后，你一定会变得自律，此时你要做的依然是坚持下去。

相关专家研究发现，任何一个动作只要重复 21 天以上就会成为习惯，重复 90 天则形成稳定的习惯；而一个观点如果能够被验证 21 次以上，就一定能成为信念。

基于此，如果你觉得上面的参考有些抽象，或许你也可以具体遵循以下三个阶段，来培养良好的习惯。

第一阶段：选择你想养成的习惯，然后在 7 天内每天提醒自己去改变，此时你也许会觉得自己的行为很刻意，不太自然，但必须坚持下去。

第二阶段：运用 21 天的时间让这一行为得到巩固，此时你会感觉自然舒服，但一不留神还是会回复到从前，所以还需要刻意提醒自己改变。

第三阶段：将这一行为坚持到 90 天时你会发现，你之前刻意为之的事情已经成为一种习惯，而且即便你不去想也会自然而然地做到。

好习惯的养成如同纺纱，一开始不过是一条细细的丝线，但随着不断重复相同的行为，最终会形成一根有力的麻绳。习惯形成性格，性格决定命运。只要能养成良好的习惯，你不仅会成为自律、高效的工作者和生活者，更能让自己的人生因此上升一个台阶。

"以终为始"，成功之后要重新开始

林肯是美国资产阶级革命家，第 16 任总统，他的演讲能力闻名于世。他演讲方面的成功不仅是少年时期的积累，还是他通过坚持不懈的努力取得的。他青少年时期就经常对着家人朋友进行演讲练习，他还多看多听，哪怕是一张废纸，他也不放过里面有价值的信息。

青年时期，林肯当过农民、伐木工人、店员、邮电员以及土地测量员，为了成为著名的律师，他经常徒步 30 英里，到法院听取律师的辩护词，看他们如何陈述自己的意见。他一边倾听那些政治家和演说家的演讲，一边模仿他们声若洪钟、慷慨激昂的神态，不论是云游四方的福音传教士，还是声震长空的布道者，林肯都模仿他们的样子反复练习，还经常对着空旷的树林和玉米地挥舞着手臂努力地练习，神情严肃认真。他终于拨开云雾见青天，演讲的成功使得他成为一名雄辩的律师并最终踏入政界。

林肯成为一名成功的律师是必然的，但是他并没有停止前进的脚步，而是以此为起点，向更高的目标迈进。我们经常说一个人做事要有始有终，但是我们更要懂得"以终为始"。因为太多人成功之后，失去了目标和方向，反而感到空虚，失去了生活的目标，因此我们每个人在实现理想后要重新制订人生目标，依然勇往直前。

曾经创下台湾空前震撼与模仿热潮的歌手李恕权，是唯一获得格莱美音乐大奖的华裔流行歌手，同时也是美国《Billboard》杂志排行榜上第一位亚洲歌手。他的成功来源于对自己的不断鞭策和鼓励。

李恕权19岁时，在休斯敦大学主修电脑，同时在休斯敦太空总署的实验室里工作。他每天奔忙于学校和办公室之间，哪怕有空闲的一分钟，他都会用于音乐创作。

因为写歌词不是他的专长，所以他极力想找一位擅长写歌词的搭档。之后他认识了凡内芮，一起合作了许多优秀的作品。凡内芮知道他对音乐的执着，但面对遥远的音乐界和整个美国陌生的唱片市场，他一点儿眉目都没有。

有一次他们在牧场烤肉，凡内芮突然让李恕权考虑一个问题："想象一下，你人生的最后阶段在做什么？"

凡内芮冷静地对他说："告诉我，你心目中最希望自己做什么？你最希望的生活是什么样子？别急，你要完全想好了，确定后再说出来。"

李恕权沉思了几分钟，告诉她："我希望有一张市场上很受欢迎的唱片，在一个有很多音乐的地方，天天与一些世界上一流的乐师一起工作。"

凡内芮告诉他："你可以从这个希望往前计划，看看前一年你需要做什么。"

顺着凡内芮提示的思路，李恕权不断往前追溯，最终他发现自己当时最应该做的就是辞职，开始潜心研究和创作音乐。随后，他当机立断，辞掉了令人称羡的工作，搬到洛杉矶，专心创作音乐。

大约在第六年，也就是1983年，他的唱片就开始在亚洲销售，他每天都忙着与顶尖的音乐高手一起工作，李恕权最终达成了自己的理想。回头看看自己走过的路，他欣喜地发现原来"以终为始"，更能让自己获得成功。

很多时候我们都在问自己：人生的最后，你最希望看到自己在做什么？如果你自己都不知道这个答案，又如何要求别人或上帝为你选择或指路呢？不要抱怨上天的安排，更不要质疑上帝的选择，事实上上帝已经把所有选择的权利交到了我们自己手上。

在不同的生活层面，每个人都应养成以终为始的习惯，这应该成为一个人人生的最终期许，它可以发掘人们心底最根深蒂固的价值观，让每个人把握自己的人生航向，每天朝此迈进，不断超越自己。

你总是积极主动，机会一定不请自来

采取积极主动的心态，是为自己的过去、现在的行为以

及将来的成就负责的一种方式。人生的本质不是消极的自我选择，而应主动创造生活中的有利环境。

积极面对一切，选择创造自己生命的价值，是每个人最基本的方向。假如你不主动向前走，谁又会推你走呢？因此，培养积极主动的习惯，是实现个人愿望的重要一步。

在任何环境中，每个人都有选择自己人生态度的权利，乐观积极的人从来不会被动地接受难以控制的事情，或自怨自艾，抱怨生活的不公，而是会为自己的行为以及所做的选择负责，他们善于提升自己，扩展自身的能力范围和影响范围，进而获得更多机会。因此，如果你想成功，就必须积极主动地承担起自己应该承担的责任，并尽可能让自己拥有更多选择的权利和自由。

曾经有一个大二学生，出于对杂志和网络的热爱，给自己取了喜欢的网名，创办了自己的网络杂志，从此他把很多与众不同的新奇想法付诸实践，开始独自"行走江湖"。

很快，他创办的杂志引起业内某知名媒体的关注，并在头版中予以报道。而他当时隐瞒身份实习单位的领导将他的杂志作为榜样，告诫下属应该考虑新的报道方式。对于他来说，得到众人认可，是对他的一种鼓励。

毕业时，他没有忙于寻找工作，依然专注于自己的网络杂志，继续他在传媒业上的突围，原创传媒日记中的一篇文章引起各家媒体的密切关注，他因此成为另一家知名媒体的主笔，更被业界公认为新生代主力军。

机会从来不会光顾被动等待的人，而是青睐积极主动、时刻勇于争取和创造的人。

无论是面对困难，还是平淡生活，是采取消极避世的态度，还是积极地努力争取，是事业成败、价值高低的关键。那么怎样才能让自己拥有积极主动的心态呢？

第一，为未来设立切实的长远目标和一段时间内的小目标，不断在言行上肯定自己，暗示自己"我能行"。对自己负责，不推卸对自己的责任。面对困难时，摒弃"我无能为力""我办不到""我本来如此"等消极被动的情绪，采用"我可以""我选择""我认为"等积极主动的语言说服自己。

第二，坚定而循序渐进地有方向地培养自己的能力，包括思考能力、观察能力、执行能力、对环境的适应能力等，慢慢学会掌控事物发展的节奏，调整习惯，积累经验，进而控制自己的生活。

第三，珍惜时间，制订处事计划，拒绝拖延。任何事情考虑周到，然后付诸实践，提升效率，决不懒惰。

第四，学会自我调整，培养情绪调控的能力。一个有成就的人，一定是一个情商过人的人。而所谓的情商高，就是能够自我管理情绪，如此才能戒骄戒躁，不卑不亢；在人生低谷时，沉着淡泊；身处高位时，谦逊宽和。

习惯需要不断地培养，积极主动的心态同样如此。无论何时何地，只要树立了目标和理想，就时刻不忘初心，努力奋斗，就能为成功准备一切需要的条件，那么机会总会适时地主动找上门来。

习惯双赢思维，你好他也好

双赢思维，顾名思义就是一种互敬、互惠、互利的思维模式。随着社会发展和人类文明的进步，人们的思维方式和能力发生了很大的变化。无论在什么领域，人们都逐渐抛弃成王败寇的传统思维方式，转而慢慢寻求一种互惠互利的合作模式。

每个人在潜意识里都有支配他人的欲望，企业之间同样如此，但是这种意识很可能会导致自己孤立无援，成为众矢之的。而在双赢思维下，双方往往会寻找到维持各方的利益均衡的合作支点，不仅能避免冲突，还能让双方各取所需。

在当今这个时代，有竞争又有合作，才能促使行业健康成长，企业之间共存共荣，才能长远发展。比如麦当劳和可口可乐、肯德基和百事可乐的战略合作，它们各自选择适合的企业合作，既能保持自身的优势，又能共同盈利，而不同的企业联盟之间的良性竞争，又促进了各自的健康发展。

我们都知道《龟兔赛跑》的故事和结局，那么试问你，如果这个故事有后续，故事走向会如何呢？

有人续写了后面的故事。兔子输了比赛之后很不甘心，经过一番总结和检讨，再次找到乌龟进行挑战，比赛规则由乌龟制订，乌龟于是选择河对岸作为终点。这次兔子不敢再在途中睡觉，一直向着目标前进，然而快要到达终点的时候，河水阻挡了他的去路，岸边却没有可以借助的工具。不会游泳的兔子无比郁闷，急得焦头烂额，眼睁睁看着乌龟一摇一摆地来到河边，从容地潜到河中游了过去。

兔子很不服气，提出再比一次，这次只在陆地上跑，结果兔子顺利获胜。这次比赛结束后，乌龟和兔子成了好朋友，它们一起研究各自的长处和短处，于是一起报名参加森林动物运动会的接力赛。

比赛时，兔子抱起乌龟一路飞奔，到了河边，乌龟背起兔子，顺利游到了对岸，他们因此夺得了冠军。

兔子和乌龟懂得赛后总结，针对新的比赛规则制订策略，取长补短，最终取得了双赢的结果。

由此可见，双赢思维是现代工作和事业成功的有效方法，因为现在为了提升效率，分工细致而明确，那么为了达到长远发展的目标，合作、互利、共赢，显然成为不二选择。

那么，想要达到互惠双赢的境界，除了要有大局意识，建立起牢靠的合作关系，还要注重培养下面三种品德。

在合作中要充分考虑他人的感受和想法，要互相尊重，兼顾对方利益。

首先，在合作中要充分考虑他人的感受和想法，要互相尊重，兼顾对方利益。

其次，要以诚信为基石。这里所说的诚信，既包括对自己诚实，充分表达自己的想法，也包括对他人诚实，一旦商定，就信守承诺。如果为了利益，摒弃诚信，那么所谓的利人利己不过是子虚乌有的口号。

最后，充分调动和利用现有资源，发挥创造力，挖掘可能性，以追求各自利益的安全性和最大化。

要想在当今社会立于不败之地，合作共赢的思维必不可少，因为没有人能完全依靠自己去生存，人与人、人与团体、团体与团体之间的联系是客观存在、不可避免的，我们只能正视这种关系，寻求利益平衡点，共同制订目标，交流协商，选择行之有效的方法，并为之付出努力。人多力量大，从来不是一句空谈。

融入团队，让你的强大更夯实

花园里，一朵红玫瑰以它独有的娇艳成为里面最漂亮的花儿，为此它感到非常得意，越发骄傲起来。但是人们只是远远地观赏它却从不靠近，让它感到疑惑又苦恼，认为自己的美丽不能受到人们更近的关注。

后来玫瑰发现，原来它的身边一直蹲着一只又大又丑的青蛙，才使人们不愿意靠近它。红玫瑰对此非常愤怒，命令青蛙离开自己，于是青蛙默默地离开了。

没过多久，玫瑰叶子凋谢，花瓣萎落。青蛙偶然经过时发现这种情况非常吃惊，连忙询问红玫瑰。红玫瑰伤心地答道："自从你走后，虫子每天都啃食我，如今我已是千疮百孔，无法再回复往日的美丽了。"

青蛙说道："正是因为我曾经在这里帮你把虫子吃掉，你才会成为花园里最漂亮的花。"听了青蛙的话，玫瑰惭愧不已，连连向青蛙道歉，请它回来。青蛙不计前嫌，回到玫瑰身边守卫，玫瑰很快又恢复了往日的神采。

玫瑰的娇艳正是因为它有青蛙的保护。由此可见，一个人想要成功，离不开旁人的扶持，如果自命清高，不屑于跟别人合作，那么很快就会令自己置身在恶劣的环境中，长此以往，如何能发展得更好呢？

很多人总是抱怨自己怀才不遇，没有得到好的机会，或是无法得到上司的认同、同事的理解，更无法融入团队中，找到自己适合的位置。如果这样的现象频频出现，不妨从自身找找原因，考虑一下是不是因为自己没能注重健康的人际关系，产生了人际矛盾而不自知。

一个高效的团队，成员之间都应具有互助精神，经常交流思想和工作方法，通力合作，团队才能目标更加明确，行动起来也才更有力量。

而我们通常说的互助精神，就是把团队的目标置于个人的目标之上，乐于一起工作并帮助他人取得成功。一旦团队中的每个人都赢得了成功，整个团队也是成功的，那么成员从中受益，还有什么不可能呢？

所以，身在团队，你必须要注意培养和同事的和谐关系，一起分享对工作的看法，耐心听取和接受他人意见，经常参与同事之间的活动，千万不要自视清高而被孤立，否则，即使你能力再强，目标再明确，恐怕也无法达成自己的愿望。

一家大型企业招聘4名业务人员，经过多场面试，最终有12名优秀应聘者崭露头角。

经理看完这12人的材料后，非常满意，也很为难，最后不得不增加了一道题。他把12人随机分成甲、乙、丙三组，每组分别去指定的婴儿用品市场、妇女用品市场、老年人用品市场做调研。经理告知大家，为了避免他们盲目开展此次调研，他已经叫秘书准备了相关行业资料分发给每个人。

到了规定日期，当所有人把自己的分析报告交给经理后，却只有乙组的人被录取。原来每组的每个成员拿到的材料都不一样，只有大家相互协作，借用他人的资料，才能补全自己的分析报告。甲、丙两组队员完全没有团队合作精神和意识，只顾自己，反而丧失了竞争的机会，而乙组的人却戮力同心，顺利完成了调研任务。

一个人不管有多么优秀，脱离了团队，只能像一棵树木一样，根本起不到防风固沙的作用。反过来，一个优秀的团队不仅需要所有人树立共同的目标，更需要彼此之间及时沟通，互相信任和理解，进行有效合作。

团队中，为了防止不必要的误会和摩擦，需要做到以下几点——

第一，努力贡献自己的力量，愿意为团队的成功寻求最好的方案。每个人都是团队的一员，只有努力发挥自己的潜质才能体现团队中的个人价值。

第二，不论何时何地，只要有需要，就要全心全意地投入。很多人可能在工作中感到无事可做，而其他同事却忙得不可开交。不要认为做好本职工作就够了，必要时还需尽力帮助别人，这不仅能增进同事之谊，还能提高整体的工作效率。

第三，工作中仔细聆听他人观点，虚心接受意见。团队成员之间能够融洽相处是件值得高兴的事情。要做到关系融洽，就要适当听取他人意见，乐于接受同事的支持和帮助，这样不仅可以让你时刻保持清醒的头脑、积极的工作态度，还能让你在工作中少走弯路。

团队合作就像一股洪流，每个成员都是洪流中的浪花，只有每个人一起朝着同一个方向努力使劲才会势不可当。而且很多时候，团队目标的达成，往往也是自己目标的达成，或是实现个人目标的基础，甚至能让个人更快更稳地实现自己的理想。所以在团队中，搭建良好的人际关系网络，和其他人员一起齐心协力，更多地关注"我们"而不是"我自己"，才能产生强大而持久的力量，顺利达成目标。

自我管理，让你更好地驾驭团队

一个企业或团队的管理者是否能管理好别人，很难找出判断标准，但有一点是肯定的，就是要想管理好别人，必须首先管理好自己。诙谐作家杰克森·布朗对此做出过有趣的比喻："缺少了自我管理的才华，就好像穿上溜冰鞋的八爪鱼，眼看动作不断却搞不清楚到底是往前往后，还是原地打转。"

柳传志是中国著名的企业家和投资家，曾任联想控股有限公司总裁。他取得的成就彰显了高超的领导艺术与管理智慧，他身边的工作人员也总是以"自律、自持"来评说他的为人。

有一次，温州商界邀请柳传志去参加商会，交流经验，当时温州遭受了暴雨的侵袭，他乘坐的飞机被迫降在上海，他身边的工作人员建议他第二天早晨再乘机飞往温州，却遭到柳传志的反对。

柳传志担心，万一第二天飞机再次延误，他就没办法准时参加商会，于是选择当天坐汽车连夜赶路，终于在第二天6点左右到达了温州。当柳传志红着眼睛出现在会场时，温州的企业家们激动得热泪盈眶，纷纷积极与他合作。

正是因为柳传志严于律己，不肯失信于人，他才赢得这么多人的尊重和信任，他的事业才能如此成功。

由此可见，一个人如果想要成功，必须先把自己管好，所谓做事先做人。因为一个人的智慧、品质和修养对一个人的事业和格局有着非常重要的影响，特别是身为管理者，你的一举一动都牵涉着你的队员、合作者对你的评估和判断，他们经由你的表现来断定你是否值得他们信任、尊重和跟随；你的对手也会密切注意你的言行举止，以采取对策与你竞争。

在很大程度上，管理工作要言传身教，德高才能招贤纳士，否则一旦树立错误的榜样，很可能将整个团队带离正确的方向，做事业也就成为空谈。

道家老子曾说过："胜人者力，自胜者强。"这句话告诉我们自我管理在工作中的重要作用，要想当好管理者，最重要的就是管理自己，这是夯实群众基础、提升管理效率、奠定领导地位最重要的途径，同时，这也是团队的核心竞争力所在。

那么作为管理者究竟应该怎样加强自我管理，做出卓有成效的业绩呢？

第一，要想做好自我管理，最重要的就是合理利用时间，科学地分析工作，制订工作计划。一个人能否管理好自己的时间和员工的时间，决定了他能否在有限的时间里创造最大的价值。只有合理安排好每个人的任务，提高工作效率，使下属各尽其能，才能让每个人创造出最高的职业价值。

第二，在工作中，要对各种角色有合理的定位，正确处理与团队、领导、同事和下属的关系。正所谓在其位，谋其政，行其权，尽其责。做任何决定，要站在企业和团队的管理高度，同时还要进行换位思考，全方位考虑利弊奖惩。

第三，每个管理者都应该注重与被管理者的沟通和交流。调查研究显示，工作中70%以上的任务都是通过相互沟通完成的，70%以上的问题都是由于沟通不畅造成的，所以每一个管理者都必须掌握信息的发送和接受的技巧，善于倾听来自各方面的反馈，以主动积极的态度处理好职场中的人际关系，提高工作效率。

第四，合理规划目标。作为一个管理者首先要确定职业目标和人生目标，以协调个人发展、经济能力、人脉关系等，让自己不断前进。

第五，制订健康规划。身心的健康是打拼事业的基础，当代社会，职场压力和工作压力都很巨大，企业管理者必须重视自己的身体健康，用饱满的精神、昂扬的斗志和充沛的精力迎接职场中的每一次挑战。

　　自我管理要比管理他人难得多，因为除了生活惰性，一个人要认清自己的缺点是很难得的，这就要求管理者要拥有批评和自我批评的崇高境界，要有意识地分析和规范自己，不断提升自我管理的能力。得到很多人的尊敬和认同，才能接近成功。

Chapter 4

看透自己的能力，创造更大的辉煌

🖋 你之所以飞不起来，是因为把自己看得太重

初入职场的刘颖工作很努力，而且各项工作都做得非常出色。不久，她被领导提拔为部门组长，在众多"职场菜鸟"中脱颖而出。

然而升职后，刘颖感到工作上的阻力越来越大，同事的排挤和孤立越来越让她感到力不从心，更让她郁闷的是由于强大的职场压力，她开始出现失眠、精神恍惚的症状，头发大把大把地往下掉。所有的一切让她变得沉默，同时出现了暴躁的情绪。

父母得知女儿的状况后，特意跑过来看她。父亲意味深长地告诉她："不要把自己看得太重，该放手时就放手。"这句话仿佛一道阳光，顿时让她豁然开朗。

原来刘颖自从升任部门组长之后，感受到了自己的与众

不同，不仅对自己要求更严，而且对别人的要求也越来越苛刻，这让她觉得疲倦，更得罪了不少原本关系不错的同事，很多人都在私下议论她过于高看自己，并且对她很不服气。

刘颖意识到自己的问题之后，积极摆正态度，开始和同事们平等沟通，乐于接受他们不同的意见。慢慢地，她和她的同事们恢复了以往良好的关系，建立了职场友谊。在她的努力经营下，团队核心力越来越强，成员的归属感让他们都自愿主动地奉献自己的力量。不久刘颖就因为卓越的管理能力和出色的团队成绩再次升职。

把自己看得太重，就容易看不清自己，容易盲目自负，失去自我，又太过注重别人对自己的看法，导致情绪大起大落，徒增烦恼。所以无论何时，关注自己的内心成长虽然重要，却不可以把自己看得太重。及早认清自己，找准自己的职场定位，处理好周边人事关系，不过度较劲，也不疏于自我提升和对他人的管理，才能踏踏实实地不断前进。

每个人能力有限，事物发展也不可能一帆风顺，当我们不能改变环境时，就适当地改变自己，知道变通，懂得"曲线救国"。

那么，如何才不会把自己看得太重呢？

首先，对待任何事情，心中要有评判是非的能力，保持理性心态。不主观臆断，也不轻信谣言，客观冷静地分析问题，解决问题。

把自己看得太重，就容易看不清
自己，容易盲目自负，失去自我，又
太过注重别人对自己的看法，导致情
绪大起大落，徒增烦恼。

其次，工作中要时刻保持积极乐观的心态，避免悲观情绪。情绪是可以传染的，不管他人如何，你要懂得及时调整自己的情绪，保持向上积极的工作热情和生活激情。

最后，要学会承受来自上级的压力，也要承担自己错误的决定导致的不良后果，并在遭遇失败时摆正心态，勇敢地接受失败，总结经验教训，逆境中冷静不沉溺，顺境中淡泊不自满。

在职场中，正确理性地定位自己和同事，把更多的目光放到提升自己能力和业务素养上，而不是关注于自己和他人已有的成绩。做到不以物喜，不以己悲，保持谦卑的心态和快乐工作的宗旨，迎接更灿烂的明天。

自信不自大，奋斗路上少块绊脚石

自信是一种优良的品质，是无论遇到任何事，都能保持乐观向上、积极进取的态度。自信也要有度，一旦过分自信，就很有可能演变成自大，而自大不但会让事物的表象蒙蔽自己，还会因为不能审时度势而栽跟头。

事实上，每个人都有一架掌握自己分量的天平，自信的人时刻告诉自己，通过努力奋斗一定可以达到自己的目标；自大的人却因为高看自己的能力和对局势的过度分析，导致半途而废或功败垂成。

那么自信和自大该如何界定呢？有句话说得很有道理：张扬的人不一定自信却一定自大，低调的人不一定不自信却一定不张扬。

有一本书里记载了这样的一个小故事。一片羽毛被吹到了高空，它很得意，炫耀非常，认为自己很伟大，飞得最高，过得最自由。一个人对羽毛说他只看到了它的渺小。羽毛非常不服气，它想再升高一些，来反驳人的话，证明自己的伟大。可是无论怎么努力，它都无法再升高一点儿。

风劝说羽毛别再折腾，说是自己把它吹了那么高。羽毛强词夺理，认为风没有吹别人，吹起来的只是它，正说明它的伟大。风对羽毛说："我吹起来的，都是一些渺小的东西。"

羽毛感到很郁闷，说人和风伤害了它。人和风却说："我们不是在伤害你，而是在提醒你，时刻都要清醒地认识自己，知道自己的大小和轻重。"

自大的人就是这样，面对别人的建议和劝说毫不在乎，内心充满幻想，他们仅仅是以自己心中所想的为核心，不会想到别人的功劳、自己的渺小，更不会通过自己的努力去奋斗，达到目标。

自信的人，知道自己的优点和缺点，相信自己，也会鼓励自己，时刻提醒自己去奋斗，他们会通过努力实现自己本身的价值。他们制订目标，树立信心，不管遇到任何困难都会朝着既定目标不懈奋斗。

春秋时期楚国人卞和在楚山中拾到一块璞玉，就把这块"石头"奉献给了楚厉王。厉王叫来鉴玉专家鉴定，专家说这是石头。厉王大怒，认为卞和在欺骗戏弄他，就以欺君之罪，砍掉了卞和的左脚。

厉王死后，武王即位，卞和又把这块璞玉奉献给武王。专家依然鉴定为石头，武王又砍掉了卞和的右脚。武王死后，文王即位。卞和抱着玉璞到楚山下大哭，哭了三天三夜，哭到眼泪流干，哭出了血。文王听说后，派人询问，问他为什么为了被砍的双脚就哭得这么悲伤。卞和回答说："我不是为我的脚被砍掉而悲伤痛哭，我所悲伤的是有人竟把宝玉说成是石头，给忠贞的人扣上欺骗的罪名。"

文王派人对这块璞玉进行加工，果然得到一块罕见的宝玉，于是这块宝玉就被命名为"和氏璧"。这块宝玉由于珍奇，来历不凡，瞬间成了世间公认的至宝，价值连城。

如果不是卞和的执着与自信，也许和氏璧现在还被丢弃在深山之中，无法光照史册。

我们看到，自信的人内心始终拥有执着的信念，而且他们会为了这个信念不懈奋斗，直至成功。

自信者能够成功，所凭借的，往往是对客观规律的认识和掌握。他们尊重知识，注重实践，内心沉稳，信念坚定，而且生活有条不紊，井然有序；自大的人则经常高估自己的价值，不能认清自己，并以主观臆想为基础，为人处世傲慢无礼，态度狂放，轻视他人，唯恐天下人不知自己的优点和长处，可是遇事不考虑后果，只凭自己想象一意孤行，通常都会半途而废。

管理时间，掌控人生节奏

一个不会掌控做事节奏的人，不仅会浪费掉自己诸多时间，还会随时浪费他人的时间；一个做事懂得掌控节奏、合理分配时间的人，总能泰然自若，将所有待办事项合理安排，并有效率有条理地在规定时间内完成。管理时间，掌控事情的节奏，才能为成功加码，进而让自己有限的生命发挥出更大的价值。

鲁迅做事的一个重要原则就是非常珍惜时间，能够掌控事物发展的节奏。鲁迅12岁时在绍兴读私塾，当时父亲患有重病，两个弟弟年幼无知，他经常往返于当铺和药店之间，同时还要帮助母亲做家务。为了避免影响学业，他必须做好精确的时间安排。

为了让生活井然有序，鲁迅每天都把所有的事情规划好，然后按部就班地去做。他很讨厌那种每天东跑西坐、说长道短的人，也会对来打扰他的人毫不客气地赶走。正因为他一如既往地合理安排时间，规划事件的进展，才能为我们留下了那么多深刻隽永的文章。

在节奏高速运转、竞争异常激烈的现代社会，能否有效利用时间，合理规划工作进度，提升工作效率，早已成为影响个人成就、企业成败的关键因素。

那么，怎样才能让自己在有限的时间里更有成效地做更多的事呢？下面介绍几种关于管理时间的方法，或许可以帮助你合理安排自己的时间。

第一，记录和规划所有需要完成的事情，分清轻重缓急，这是保证办事效率非常重要的原则。首先了解自己的时间实际的消耗率，把每天所有要做的事都进行记录，然后按照重要性排列好；分析自己的时间，把重要的和急切的事项先办完，最后顺次把其余的事情一件件完成。虽然这样列举需要花费一点儿时间，但是磨刀不费砍柴工，只会在后续工作中达到事半功倍的效果。

第二，把所有的东西分门别类地放好，以便需要的时候能够更快找到你想要的东西。有关机构对美国 200 多家大公司的职员调查发现，公司职员每年需要浪费六周的时间放在寻找乱放的东西上面，就是说他们每年都会有大概 10% 的时间在做无用功。想改变这种现状，最好是养成良好的习惯，不用的东西扔掉，有用的东西则分门别类地保管好。

第四，做事情时要集中时间和精力，最好一次完成，不要断断续续。很多人在工作时经常采取时断时续的方式，这就造成时间碎片化和精神不集中的情况，往往在重新投入工作时，需要花费大量时间调节大脑的活动和注意力，才能继续未完成的事情，这样无疑会花费很多本不必花费的时间和精力。

第五，注重劳逸结合，充分利用业余时间。现在有一种说法，叫作业余时间决定你的人生高度。我们可以利用业余时间学习工作中需要的知识，提升自己的业务能力和素养，调整知识结构；或者可以约几个志趣相投的朋友一起旅行，爬山，长跑，在锻炼中一起探讨人生，在减轻心理压力的同时，增进朋友之间的感情。无论如何，这些方式都能使人获得人生的另一笔财富。

人的一生绝大部分时间都处在工作的状态，所以我们必须想方设法地掌控好做事节奏，合理利用时间，使自己成为时间的主人，把工作更高效更出色地完成。

借助外力，才能飞得更高更远

俗话说："一个篱笆三个桩，一个好汉三个帮。"一个人竭尽所能地独立完成一件事情，是非常难的。不懂得或不善于利用他人的力量，想要只靠自己单枪匹马闯天下，在当今社会里是很难有大作为的。逆流而上，道阻且长；顺风飞行，才可以更高更远。

比尔·盖茨说：一个善于借助他人力量的企业家，应该说是一个聪明的企业家。特别是在当今科学高速发展的情况下，社会分工精细，种类繁多，光靠一个人具备的能力和掌握的资料不可能操控全局，必须借助他人的力量，整合一切可以利用的资源和人脉，才能脱颖而出。

早在公元前 300 年，荀子就在借助外物上创立了自己的观点，他在《劝学》中写道："假舆马者，非利足也，而致千里；假舟楫者，非能水也，而绝江河。君子生非异也，善假于物也。"

这就是说，每个人不必事必躬亲，只要善于借助和利用外物，就能达到想要的结果，甚至比原来设想的还要好。这是一种管理者的大智慧。

犹太富商洛维格就是借助别人的力量成就自己事业的人。他第一次做的生意很具传奇色彩，他将一艘沉没海底很久的柴油机动船打捞上来，然后利用 4 个月的时间把船维修好，接着把船承包出去，首次获利 50 美元。这使他非常高兴，也坚定了他创业的信心。但是对于当时一贫如洗的洛维格来说，创业将面临来自各方面的困难。

创业初期，他总是受到债务的困扰，甚至一度遭遇破产的危机，好在他始终怀有积极的心态，内心充满了对未来的希望。在洛维格的而立之年，他突然有个大胆的想法：买下一般规格的旧货轮，改装成油轮。

由于手里资金不足，他找到几家银行，希望得到银行的援助，却屡次遭到拒绝，因为他没有可担保的东西。面对失望和打击，他并没有气馁，而是将一艘老油船以低廉的价格承包给了石油公司，然后又找到银行经理，想以石油公司承包油轮的租金来支付银行的本息。经过一番努力游说，美国大通银行终于答应贷款给他。

拿到银行贷款后，洛维格买下了他想要的货轮，动手改装成了航运能力较强的油轮，然后承包出去，以此方式循环贷款买船。慢慢地他拥有的船不断增多，每偿还一笔贷款，便有一艘油轮归他所有，而那些船也全部划在了他的名下。

身无分文的洛维格之所以能够成功，完全得益于他善于借助外力。在多次因没有担保物遭到拒绝之后，他另辟蹊径，借助石油公司，使他拥有了敲开财富大门的钥匙。

在自己力量还没有足够强大时，借助他人的资源和力量，无疑是走向成功的捷径。而要想获得长远发展，更免不了要借助其他力量。所谓他人之功，可以是亲戚朋友、名人同学，也可以是合作伙伴、商业集团，而这些都是你走向成功的必要桥梁与阶梯。

现代社会早已不是靠自己单枪匹马闯天下就能成功的时

代，想要成功，需要太多的因素，需要天时地利人和，缺一不可，对外力的借助和利用这一点更是不容小觑。

那么在取得成功之前，究竟应该如何去做，才能更好地借助其他资源，帮助自己不断上进呢？

首先，要找到合适的人，即需要和有影响力的人做朋友。在成就事业的过程中，随时留心周围人的能力和影响力，真心结交朋友，既能借助他们的力量，也要愿意在他们需要的时候提供帮助。

其次，与人交往时眼界广阔，不能只看重眼前利益，因小失大。如果你在求得别人帮忙时发生了不愉快的事，首先必须要取得别人的谅解。俗话说："小不忍则乱大谋。"即使与合作者或寻求帮助的对象在某些方面不能意见一致，也要着眼于长远利益。

最后，要想获得别人的帮助，要适时低下高贵的头。很多时候我们并不是不会借力，而是一时不肯放低姿态，害怕有伤体面。其实这种想法完全没必要，当年毛主席也是得到李大钊的引荐才去北大图书馆担任管理员的，这是他人生道路选择最关键的时期，使他确定了科学、正确的世界观和人生观。伟人况且如此，更何况我们？

当今社会，不借助别人的力量达到成功是完全不可能的事，而只有善于借助别人的能力，才能帮助自己更好地发挥实力。

🍂 找准你的天赋，努力才能用对方向

天赋是成才的基石，而天才与庸才最根本的区别并非你是否存在天赋，天赋达到什么样的程度，而在于你有没有选对自己更擅长的东西。

退一步来想，即使我们生来平凡得一无所长，如果在自己的能力范围内，脚踏实地专注地攻取一件简单的事情，纵然不能成为身怀绝技的卖油翁，终有一天也会使铁杵磨成绣花针。

1922 年，一个外号叫斯帕奇的小男孩在美国出生了，这个生下来似乎就不太聪明的孩子，在所有人看来他都不会有多大出息：他读小学时，几乎所有功课都是红灯；中学后，他的物理成绩通常都是零分，创下了学校有史以来最糟糕的纪录；他在代数、英语和拉丁语等科目上的成绩同样糟糕透顶；就连体育也不尽如人意，他参加了学校的高尔夫球队，却在一次重要的比赛中输得惨不忍睹，就连为失败者做的安慰赛也没有他的份儿。

每个认识斯帕奇的人都对他不屑，认为他就是彻底的失败者。因为他不仅在成绩上一无是处，说话也总是笨嘴拙舌，连他本人也清楚地知道自己懦弱无能。

只是，从小到大，他特别在乎一件事，就是绘画。他每画出一幅画时总是感到欣喜和骄傲，而且深信自己拥有不凡的绘画才能。虽然除了他本人，几乎没人看得上他的涂鸦之作。

中学时，他曾向毕业年刊的编辑交过几幅漫画，但最终一幅也没被采用。这种被退稿的经历深深刺痛了斯帕奇的心，却没有让他失去绘画的信心。中学毕业后，他向沃尔特迪士尼公司写了一封自荐信，该公司让他把自己的漫画作品寄过来，同时规定了漫画主题。

得到迪士尼公司的应允后，他投入了大量的精力和时间，以一丝不苟的态度完成了许多漫画作品。然而当他寄出后，所有的作品都石沉大海，他再次遭遇了痛苦的失败。

这次失败让他丧失了继续投稿的勇气，他开始尝试用漫画的形式描述自己平淡无奇的生活经历。他笔下描绘了一个叫查理·布朗的小男孩，这个小男孩有着灰暗的童年、不争气的少年时期和屡遭退稿的青年时代。

然而令他万万没有想到的是，他居然会因这一系列漫画一炮走红！这一成功大大激励了他的创作激情，随后他画出了全世界大人孩子都喜爱的角色"史努比"，他的连环画《花生》也迅速风靡世界。

这个曾经一无是处的小男孩，最后成为家喻户晓的漫画大师，他就是大名鼎鼎的漫画家查尔斯·舒尔茨，这不能不说是一种奇迹。

也许我们没有别人的智慧和能力，也许我们没有太多与生俱来的优势，但真的不必妄自菲薄，因为每个人一定有一种自己的优势，只要找到你独一无二的天赋，你依然可以以此为基础，利用各种资源，助力自己的成功。

相信每个亲自见过菲尔普斯的人都会认为他有点"畸形"，他的身材生来异于常人，手臂长，脚大，腿短。但菲尔普斯并没有因此自卑，而是认清自己，并利用自身的身体特征，努力练习游泳，最终夺得了 2008 年奥运会上的多个金牌，打破了世界纪录，成为美国的游泳巨星。试想，假如当初他选择的不是游泳而是跑步或竞走，那么这个连走路都时常摔跤的人也只有望人项背的份儿了。

可以肯定地说，要成为真正的天才，天分、机遇和助力都不可或缺，但更重要的是一个人必须知道自己的天分究竟是什么，只有准确无误地定位天赋，一个人才能真正地有的放矢，更好更高质地去铸造这把名剑。

兴趣爱好不等于天赋，很多人会误会兴趣爱好就是天赋。其实不然，所以一个人真正的优势和内在最有价值的潜能必须正确找准，进行挖掘，一旦力量用错了，只会事倍功半。

一个狂热的文学青年曾向作家陈忠实求教，当时陈忠实没有多加考虑，只是鼓励青年人坚持写作就会有希望。该青年如获至宝，从此不理万事，埋头写作。

若干年后，当陈忠实无意间了解到，当年那个青年至今仍一事无成，且生活落魄潦倒，却依然痴心于写作，感到后悔不迭。

由此可见，努力用对了方向，才会价值倾城，否则将一文不值。

激发无穷的潜能，抵达目标后才能再次出发

每个人身上都蕴藏着无尽的能量，一个人能胜任什么事情，谁也无法完全精确地知晓，因为这一结果会因个人潜能的开发程度而异。一个人能量开发的程度不同，也在相应地影响他的人生高度。名人与普通人的区别在于，名人充分激发了自己可供开掘的价值层面，并竭尽全力使之完全兑现，得到认可；普通人只用了极小的一部分能力，没有发掘出自身蕴藏的真正价值。

王安石名篇《伤仲永》中，这个名仲永的神童五岁便可指物为诗，天生才华出众，后来他父亲把他当作赚钱的工具，到处招摇，而仲永从此荒废了学业，最后只沦落成一个普通人。

仲永从小表现的潜能是很多人无可比拟的，可是他的才能刚刚显露，文学方面潜藏的更可贵的宝藏还没有被真正挖

掘，就被短视的父亲明珠暗投，并最终腰斩，仲永也"泯然众人矣"。

所以当你在某一方面表现出惊人才华，得到众多瞩目时，一定要重视起来，因为这很有可能就是你生命的火花，尽可能进行专门的学习和培养，以此确认你的天赋，而不是坐视不理或肆意挥霍。

那么，如何激发自己的潜能呢？重要的是做到以下几点。

首先，在生活和工作中时刻保持自信。一个人拥有自信，是他成功的心理基础，也是充分发掘自己潜能的前提条件。因为自信的心态往往能激发出人体超乎寻常的能力和耐力，会使人得到意外的收获，同时可能促进奇迹的出现。

美国著名女作家、教育家海伦·凯勒，从小失去视力和听力，也曾一味地自暴自弃。在安妮·莎莉文的帮助下，她凭着坚强的信念，靠触觉学习读完了大学，最终成为具有世界影响力的人物。她说："我碰到了不可胜数的障碍，跌倒了，我一次次坚强地爬起来，每前进一步，自己的勇气就增加一分，我相信自己一定能到达那光辉的云端、碧天的深处——我希望的绝顶真理。"

海伦·凯勒之所以成功，除了她付出了极大的努力，还因为她有坚定的信念、自我肯定的信心。有了这样的精神支柱，她才会克服一切艰难险阻。

其次，一定要有坚定的意志力，有长久的恒心和耐力。

　　一个人信心满满，可是遇到挫折和失败就轻易退缩，也是要不得的。坚定的意志力是自信心得以维持并发挥力量的有效保障。

　　一个登山者为了挑战自己的极限，从尼泊尔的首都加德满都出发，沿中尼公路前进，翻越了喜马拉雅山。这次挑战一共46天，登山者共走了1009千米的路程，中间的艰辛和困难，简直无法用笔墨和言辞尽述。

　　对于这段艰苦的旅程，登山者总结了一份心得：在旅途中，当你真正体验到艰辛的时候，不是只有身体上的，更多的是内心的障碍。

　　这也是很多登山者的共同体验，他们每天要担心的不是山有多高、路有多险，而是基本的生活问题，比如前边要在什么地方休息？还会有哪些无法预知的危险？可能所有人都不知道自己下一秒是否还活着。虽然心里担心着这些，可是他们的脚步从不会停止，因为他们时刻都在提醒自己："一定要坚持下去！"这就是坚定的意志力，是恒心和耐力。

　　最后，一定要有对未来成功强烈的欲望和愿景。我们常常说"千里之行，始于足下"，我们其实也可以说"千里之行，始于远方"。对远方的渴望，对理想实现的期待，就是你树立的目标。明晰你的目标在何处，那么就出发吧，一个脚印一个脚印踏实地向着远方前进。

　　每个人的潜能都是一座取之不尽、用之不竭的宝贵资源，只要你愿意开采和挖掘，你很可能会得到意想不到的收获。当你利用好自己的潜能，你会不断提升自己，那么当你实现了某一目标，也就一定会有更高的目标牵引着你继续向前。这不是汲汲营营，这是对自己生命价值的肯定和拓展。抵达一种高度，从来不是结束，而是新的道路的开始。

Chapter 5
看透自己的人际沟通能力，
掌握超一流的攻心术

🍃 成为八面玲珑的人际高手

　　每个职场人都希望自己在事业上有所建树，在职场中无往不胜。那么如何才能成为职场中的"常青树"呢？有人专注于能力和素养的提升，时刻准备着抓住机遇。

　　事实上，一个人的成功，自身能力的确占据着很大比重，但是仅仅有卓越的才能和技巧是不够的，还要有正确而强大的人际关系处理的能力。我们说过，天时地利人和，缺一不可。

　　《红楼梦》中，王熙凤在贾家几乎到了一手遮天的地位，没有人不惊叹她无与伦比的治家才能与善于应付各色人等的技巧。

　　林黛玉第一次进贾府时，王熙凤来到林黛玉身边，先把林黛玉的才貌气质夸奖一番，接着表达了对林黛玉的怜惜之意，在老夫人阻止她含泪痛惜后，又马上转悲为喜，假意自责。她与老夫人说话，与林黛玉说话，与王夫人说话，与下人说话，口吻、姿态各不相同。到后来，刘姥姥两次来荣国府，她对刘姥姥的态度前后非常不同。第一次，她虽然无意在刘姥姥面前炫耀，但是对刘姥姥也无在意和重视，但是为了周全体面，也有一些对穷人的稍许怜惜之意，她还是给了对方二十两银子。第二次，王熙凤对刘姥姥已带了真诚，除了因为刘姥姥入了老夫人的眼，还因为刘姥姥的朴实真诚打动了她。

　　我们先不论王熙凤私心如何，结局怎么样，单说她滴水不漏的说话风格，就体现出她是一个善于左右逢源的玲珑人物。她善于揣摩各色人等的心理活动，分得清事件的轻重缓急，更重要的是她在各种场合都能拿捏尺度，应对自如，从容不迫。因为她深谙处理人际关系的重要性，知道如何平衡局面，维护自己的利益，也考虑周边的利益网络。对上虽溜须讨好，但是自有尊严和分寸；对下严苛狠厉，也恩威并施。所以她在荣国府中挣得了一个独特的地位。

　　身为职场人，一定懂得人际关系的重要性，很多时候，它是成功的桥梁和纽带。好的人际关系可以让工作的进展更加顺利，促进工作高效完成；它能够提供机遇和资源，发展人脉；还能在一定程度上让人重新调整事业布局，从而更加成功。

那么，如何才能在职场中搭建良好的人际关系网络，成为上司器重、同事喜爱、下属尊敬、客户信赖的人际高手呢？一定要具备以下技巧。

第一，学会察言观色。我们所说的察言观色并不是教你阿谀谄媚、卑躬屈膝，而是要善于揣摩他人的心理和需要，从而做出有利于自己的选择，低要求是不得罪人，高水平则是化被动为主动，调配一切可用的人际资源，让事物的发展尽量按照自己的想法展开。

现实生活中，有很多人不能理解他人的需求，听不懂他人的暗示，无法预知别人接下来的言行，做事没有一丁点儿远见和章法，甚至自私自利，导致人际关系糟糕，不仅遭到众人的疏远和排挤，还可能阻断了人脉，影响自己的职场发展。

你不需要讨好同事，谄媚领导，但是可以助人为乐；你不需要任性揽责，被迫背黑锅，但是是自己的责任就要勇于承担；不该讨论的八卦不要往前凑，该回避的场面就要找合适的借口退出……你要善于察看别人的脸色，揣摩他们的心理，然后采取相应的有分寸的对策。

第二，乐于付出，努力工作。身为职场人，要认真对待自己的工作，增加自己的参与感，及时发现问题解决问题，愿意为工作积极付出；对于别人的求助，在力所能及的范围我们所说的察言观色并不是教你阿谀谄媚、卑躬屈膝，而是要善于揣摩他人的心理和需要，从而做出有利于自己的选择。

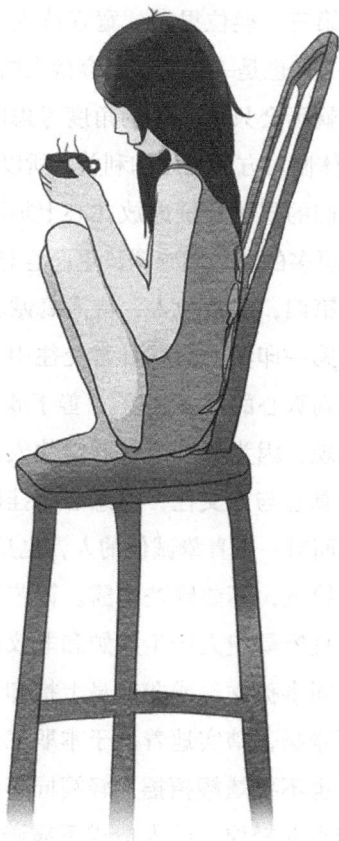

内提供真诚的帮助。人在工作时的姿态、语言、肢体动作都会有明显的表现，人们会以此作为依据，决定在工作中要与他建立什么样的关系。一个认真努力、积极向上的人，总是受人欢迎的。

第三，换位思考，宽容待人。职场中，懂得换位思考的人，一定也是一个能够宽容待人的人。换位思考，善解人意，那么就不会只从自己的角度考虑问题，而是会站在对方的立场，体恤对方的难处和利益，所以能够容忍他人的小小过失，把他们的想法和疑虑放在心上加以重视。这样的人，会得到他人更多的善意和感谢，更愿意与他交流自己真实的想法。

第四，欣赏他人，待人真诚。质朴真诚能够给人留下良好的第一印象，而在日常交往中，心胸开阔、感情真挚也容易得到真心的同事之谊。善于欣赏他人，也是愿意与人为善的表现，因为一个能够欣赏他人、鼓励他人的人，一定也是一个真心与人交往，愿意心无挂碍地提供帮助的人。戴着面具去面对一个真挚诚信的人，也是很累的。

第五，不要锋芒毕露。锋芒毕露的人，往往让人难以亲近，且容易使人产生嫉妒和非议而遭人排挤，上司防备顾忌你，同事孤立你或向你身上推卸责任。所以你要学会低调内敛不张扬，踏实地着手于本职工作，不要自恃才高而越俎代庖，也不要炫耀招摇，轻视同事。因为锋芒毕露的人，总是带着点儿轻浮，给人造成不靠谱的印象。没有人会喜欢露才扬己、矜世取宠的人。

第六，对人际关系的经营要持之以恒。人际关系的搭建和培养不是一朝一夕的事情，我们也不能只关注眼前利益，没有长远打算。如果你急功近利，追求短期效应，那么你在别人眼中无疑是个虚假不靠谱的人。要让别人相信自己，就不能应付和敷衍。否则，用人朝前，不用人朝后，人走茶就凉，别人也会很快收起对你的信任和尊重，因为从未来着眼，这样显然是不明智的，很可能阻断了今后能够发展的健康的人脉关系。

🍃 掌握最有效的谈判技巧，让别人走进你的套路

日常交往中人与人之间交流思想、沟通感情，最直接、最有效的方法无疑是语言交流，任何时候，不管是想让别人信服你，还是你被他人说服，都需要语言这一重要媒介才能完成。

出色的语言表达，可以使熟悉的人情更深，意更浓；使彼此陌生的人产生好感，缔结友谊；使相互有分歧的人达成一致，矛盾化为乌有；使互相仇恨的人化干戈为玉帛。在生活中，敢于说话又善于说话的人，可以充分利用自己的语言交际能力征服他人。

　　说话和我们的工作、生活如此密不可分，占据着非常重要的地位，身为职场人，我们可能常常希望上司能够重视我们的意见，对手能够同意我们的条件，同事能够接受我们的建议，那么，你必须要掌握一些谈判技巧。说要掌握谈判技巧，并非真要在谈判的时候才用，而是可以让我们在意图说服他人的谈话中，占据有利地位，达到自己的目标。

　　那么什么样的谈判技巧更有效，更容易说服他人呢？

　　第一，想要说服对方时，应想方设法调节开场谈话气氛，让对方轻松下来，甚至可以以退为进。每个人都有维护自尊和荣誉的想法和倾向，所以千万不要在说服对方时，摆出一副盛气凌人的态度，这样谈判多半会失败，因为没有人希望自己被他人强硬的命令支配。开场时友好和谐地进行沟通和交流，是谈判成功的重要条件。

　　某初中一个老师刚接任了一个差班的班主任，正赶上学校安排学生参加平整操场的劳动。各班学生干得热火朝天，只有这个班的学生躲在阴凉处不肯干活，无论老师怎么说都无济于事。

　　后来老师想到一个办法，就和颜悦色地问学生们："我知道你们不是怕干活，而是天气比较热的缘故吧？"

　　学生们谁也不愿意说自己懒惰，便七嘴八舌地说道："确实是因为天气太热了。"

　　老师说："既然这样，我们等太阳下山了再干活，现在就痛痛快快地玩吧！"

学生一听都很高兴，老师还特意买了几十个雪糕让大家解暑，吃喝玩乐结束后，学生不仅乖乖去干活，还和老师增加了感情。

第二，每个人都有同情弱者的天性，如果想说服强大的对手，可以适当示弱，让对方同情，达到目的。

曾经有一个15岁的小姑娘不幸被拐卖。当天晚上，她在惊恐中看到一个中年模样的男子走进了房间，她又惊又怕。不过她立即镇静下来，机智地叫了声"伯伯"，令中年人一愣。

小姑娘小心翼翼地说："我一看伯伯就是好人，看您的年龄与我爸差不多，可是我爸命不好，每天只能在乡下种田，去年夏天在田里干活时还中暑了……"说着，她不禁流出了眼泪。中年男子脸色涨红，短暂的沉默后，开门走了。

在对方各方面都比自己强大时，何不让自己显得弱小一点儿来激发他的同情心呢。聪明的小姑娘正是这样，一句"伯伯""和我爸年龄差不多"不仅拉近了两人的距离，还让这个中年人产生了同理心，想起了自己同样处于花季的儿女，同情和惭愧的种子开始在他心里萌发。接着小姑娘又不失时机地向他讲述自己困难的家境，进一步强化了中年人的同情心——当然，这个中年人良心未泯是小女孩得以脱困的关键原因，可是如果小女孩没有主动示弱，她未必能逃过一劫。

　　第三，学会站在对方的立场上分析问题，并让对方知道自己在为他切实着想。要做到这一点，首先必须做到知己知彼，了解对方的困难和需求，以让自己的话具有更强的说服力。

　　某精密机械工厂生产某项新产品，将部分部件委托别的小厂制造，当该厂将零件半成品显示给总厂时，却完全不符合要求。由于事情迫在眉睫，总厂负责人只好令其尽快重新制作，但小厂负责人认为他们是完全按照总厂规格制造的，不想再重新制造，双方各持己见，僵持了很久。

　　见到这种局面，总厂厂长问明原委后，亲自找到小厂负责人，温和地对他说："这件事完全是由于公司方面设计不周所致，只是事到如今，任务总要完成。我们的合作不是仅有一次，这次这么重要的东西制作精良，也能让别人见识到你们的实力，长远来看，你们不妨将它制造得更完美一点儿，对我们来说保证了质量，对你们来说则是好的声誉和长久的健康发展。"小厂负责人听完后，欣然应允。

会演讲，让你的观点光芒万丈

　　很多人都听说过戴尔·卡耐基的名字，他被誉为20世纪最伟大的心灵导师和成功学大师，美国现代成人教育之父。

他认为，不论在什么情况、什么状态之下，绝没有哪种动物是天生的演讲大师。因此，想做天生的大众演说家并不容易，必须经过努力才能达到目标。

我们把大众演讲家看成是一种对语言有着神奇操控能力的人，听他们演讲或发表看法，我们希望听到的是率直亲切的语言，感受到组织严密的逻辑和激励人心的力量，而不是拙劣的空谈。

有位名叫寇蒂斯的医生，是位热心的棒球迷，他经常看球员们练球，不久就和那里的球员们成为朋友，并被邀请参加一次宴会。然而宴会间隙，让寇蒂斯意想不到的是，在事先没有得到通知的情况下主持人突然宣布说："今晚有位医学界的朋友在此，我们请他来向大家谈谈棒球队员的健康问题，下面有请寇蒂斯大夫！"

寇蒂斯医生研究卫生保健并行医三十余年，他对这个问题有自己独特的见解，他完全可以坐在椅子上对朋友侃侃而谈，可是让他骤然面对这样一群人来陈述这个问题，却让他不知所措。在鼓掌众人期待的目光、呼唤中，他心跳加速，大脑一片空白，完全无法思考，更别提完整地讲出句子。他不得已转身，匆匆离开。这件事令他深感难堪，觉得自己的表现简直是莫大的耻辱。他不想再让历史重演，从此发奋努力。他经常对着镜子大声地练习演讲，并最终成了小有名气的演说家。几年后，他成为纽约市共和党的一名委员，并多次到各市为共和党发表竞选演说。见到他演讲风采的人都无法想象他曾经因为不敢面对听众，害怕说话，在羞愧和难堪的状态下离开一个宴会。

　　事实上，世上所有一流的演讲大师的卓越演讲才能，都不是与生俱来的，都是他们在持之以恒的不懈努力和勤奋练习中锻炼出来的。

　　那么想成为优秀的演讲者，需要做些什么呢？我认为可以先从以下几个方面训练自己。

　　第一，打下扎实的文化功底。正所谓台上一分钟，台下十年功。要成为优秀的演讲家，需要文化的不断积累，知识的不断存储。这是一个演讲者演讲的坚实基础和内容来源。

　　第二，讲究自己说话的方式。语言是门艺术，是人们交流感情、传递信息的载体。一个人想培养良好的语言表达能力，他必须要注意语速、音调和音势的灵活多变。特别是在演讲时，要做到论据充分，语言慷慨激昂，姿态从容，音调抑扬顿挫。

　　第三，优秀的演讲家要有较强的情绪控制能力。他可以用激昂的语调向人们传输自己的观点，激发人们的热情，也能用平和淡泊的声音使人们静静聆听，做到时而激越飞扬，时而低沉冷静，如此，充分调动人们的情绪，自己却能在各种情绪中根据需要任性切换，有力掌控。

　　第四，感情真挚，善于表达，具备现场渲染力。任何人在演讲时都离不开个人感情，冷漠淡然的演讲对所有人来说都是苍白无力的。一个优秀的演讲家要善于表达自己的感情，也要适当运用幽默感，这样可以营造轻松亲切的演讲和听讲氛围，牢抓听众的注意力，更具现场渲染力。

第五，每个优秀的演讲家都要有控制现场的能力。在演讲中，把握分寸和节奏非常重要，一旦有突发事件，演讲者一定要具备敏捷的思维、卓越的应变能力，以迅速做出恰如其分的反应，控制事态发展和现场人们的情绪，进一步采取正确果断的措施平息事态。

🍃 让别人迅速喜欢你，第一印象很重要

与人交往时的第一印象很重要，这往往能决定对方是否愿意和你继续交流或联系。想让对方在初次见面就喜欢上你，长相虽然非常重要，但并不是只能依靠出色的容貌。毕竟天生的东西无法改变，不是人人都长得美丽英俊。如果想让初次见面为今后的交往打下良好的基础，我们还可以从其他方面进行努力，从现在开始就绸缪起来，以备未来之需。毕竟临阵磨枪，有时候未必来得及。

那么，我们应该怎么做才能留给别人良好的第一印象而让他们喜欢我们呢？

第一，培养自己的气质。气质与时尚无关，它来源于一个人的文化底蕴、生活积累和道德修养，是一个人内在的人格魅力所发挥外化出来的一种存在，可以表现为个人外貌、言行举止、精神状态上的风度。所以要培养气质，可以多读书，多旅行，内心淡定平和，待人宽容有礼，拓宽眼界，提高情商。

第二，服饰得体，仪表整洁。人靠衣装马靠鞍，但是并不是贵的就是好的，而应该选择适合的。服饰要符合自己的整体气质，不能胡乱搭配，不穿奇装异服，否则很容易不伦不类，引起他人反感。另外一定要保持仪表整洁，身上没有异味，保持口腔清洁。这是对人对己最基本的尊重。

第三，控制表情，言行得体。与人交谈，要养成控制表情的习惯，避免表情夸张不自然，最好保持微笑，这样可以把自己最好的精神状态表现出来。说话要讲分寸，与人交流要有所保留，不与人轻易分享秘密，君子之交淡如水，切忌交浅言深、谄媚讨好，失了尺度。站有站相，坐有坐相，讲究礼仪性的坐姿站姿，不跷二郎腿，忌猛起猛坐和慌乱；行走时，步伐自然稳健，不扭捏作态；站、坐、行，注意长幼尊卑有序，尊重他人。

第四，态度积极谦和，不咄咄逼人，不参与八卦。不对别人评头论足，尽量保持低调。与人意见不同时，不做无谓争执，不要争强好胜，力图说服对方。有人谈论八卦，及时离开，实在走不掉，那么保持微笑不说话。

第五，要懂得眼神沟通的重要性，说话时要看着对方的眼睛，不说话时不要盯着对方的脸不放。

第六，尽早弄清对方的名字，并尽可能记住。对别人来说，你能记住他的名字，代表你对他的尊重和重视，这是使人心情愉悦的一个重要方法，他也可能因此对你心生好感，记住你的名字。

第七，要感恩，做好见面后的致谢说明。见面时，对他人提供的帮助表示感谢，也要在见面后问候平安，并表示对相识感到荣幸。如果是经由别人引荐而求助于对方，最好在节假日进行问候，除了尊重引荐的朋友，也能拓展自己的人脉。

与人交往是一门艺术，而与人初次见面的学问更要仔细揣摩，因为若想搭建有效的人际关系网，第一印象特别重要。这就需要我们平时养成良好的习惯，懂得尊重他人，这样才能在不经意或经意的见面中，让别人喜欢你，尊重你，信任你。

懂得尊重和友好，你的人缘不会糟糕

每个人无论身份高低，都渴望得到别人的尊重和友好相

待。一个总是愿意尊重别人，经常设身处地为他人着想，愿意倾听他人烦恼的人，他一定很受欢迎。因为他会平等待人，看到他人的内心需要，并给予言行上的重视，这种重视又是真诚无伪的。

西奥多·罗斯福是美国第 26 任总统，他在职期间不仅做出了惊人的成就，还受到人们广泛的欢迎。

卸任后的一天，罗斯福去白宫见塔夫特总统，当时正值塔夫特和夫人外出，罗斯福真诚地和每位白宫的用人打招呼，他甚至能叫出做杂务的女仆的名字。

当他看到厨房女佣爱丽丝的时候，问她是不是还在做玉蜀面包，爱丽丝告诉他，有时做那种面包，是为了给佣人们吃，楼上的人都吃不了。

罗斯福听了大声说："那是他们没口福，我见到总统时，一定把这件事告诉他。"

他拿着爱丽丝递过的面包，边走边吃向办公室走去，在经过园丁、工友旁边时，他亲切地和他们打招呼谈话，就像他做总统时那样。一个老用人含着泪水说："这是我几年来最快乐的一天，就是有人拿一百美元来，我也不换。"

由此可见，西奥多·罗斯福之所以如此被人们爱戴，除了他的成就，还因为他不会因为身居高位而对人颐指气使，并且懂得尊重和关心他人。

维也纳著名的心理学家阿得洛曾说过："一个不关心别

人，对别人不感兴趣的人，他的生活必将遭受重大的阻碍和困难，同时也会替别人带来极大的损害、困扰。所有人类的失败，都是由于这些人才发生的。"

那么一个人要想避免这些困难和阻碍，拥有更成功的人生，在人际交往中，怎样才能做到与人友好，并受到他人欢迎呢？

首先，要学会尊重。尊重他人是人和人之间交流的基础，尊重他人就是尊重自己，才能赢得他人的尊重。无论是在工作中，还是在生活中，应尊重他人的劳动和付出，也应尊重他人的人格和思想，因为人虽然有贫富差距，社会地位高低，但是都有自己独特的思想和人格，也都在用自己的劳动贡献于社会——农民耕种，为所有人提供粮食；工人劳作，生产我们生活的必需品和享受的附属品；知识分子埋头案前，为我们提供精神享受；公务员认真工作，规划和处理民政，为民众生活提供政策上的支持和保证……每个人的存在和付出，都是社会存在和发展的基础，没有千万人各司其职的共同努力和一环扣一环的链接奉献，社会无以成社会。尊重他人的劳动和人格，就是肯定自己的付出和权利。

其次，要学会宽容。宽容是你给自己的人际关系开辟的阳光大道。你对人宽容，与人为善，就在无形中展现了强大的魅力，能够产生强烈的吸引力，别人就会愿意从内心接纳你。

三国时期，诸葛亮去世后，蜀国任用蒋琬主持朝政，他的下属有个叫杨敏的人，性格孤僻，蒋琬与他说话时，他总是只应不答。

有人看不惯，在蒋琬面前说道："杨敏这人对您如此怠慢，实在很不像话。"蒋琬只是坦然一笑说："每个人都有各自的脾气秉性，想让杨敏当面说赞扬我的话，那不是他的本性，若让他当着我的面说我不是，他会觉得我下不来台。所以，他只好默不作声。而这也正是他为人的可贵之处。"

蒋琬处世为人宽厚仁慈，豁达大度，赢得了众人的尊重和欣赏，成就了他"宰相肚里能撑船"的美誉。

还有，要真诚。真诚的人会设身处地地为他人着想，会关照他们的真正需要，从而提供及时的帮助。他们不会计较个人得失，总是为他人的利益考虑周全，谁会不喜爱这样的人呢？

东汉末年，三分天下，曹操稳居朝廷，孙权拥兵东吴，当时刘备势单力薄，听说诸葛亮很有学识和才能，就和关羽、张飞带着礼物到隆中卧龙岗请他出山辅助自己。恰巧当时诸葛亮外出，刘备只得失望而归。不久后，刘备三人冒着风雪再次去请，仍没有见到，刘备只好留下书信，表达对诸葛亮的敬佩和请求出山帮助自己的想法。

过了些时候，刘备不顾关羽和张飞的劝阻，执意再去请诸葛亮出山。但诸葛亮正在午睡，三人不敢惊动，一直站到诸葛亮自己醒来才坐下谈话。

见刘备情真意切，有雄心壮志，也有忧国爱民之心，诸葛亮终于决定出山。后来他全力辅佐刘备，最终建立了蜀汉皇朝，并为之鞠躬尽瘁。"三顾茅庐"由此被传为佳话。

我们的工作和生活都离不开与他人的交流和交往，想获得众人的好感，使他们愿意和我们成为朋友，愿意互帮互助，那么我们就要对他人真诚友好，尊重他们的人格和工作，自然就会体谅他们的难处，在他们需要的时候，及时伸出援助之手和倾听的耳朵。我们总要自己先付出友好和诚意，才会收获好人缘，而好人缘，总是会在不经意的时刻，帮助我们成功。

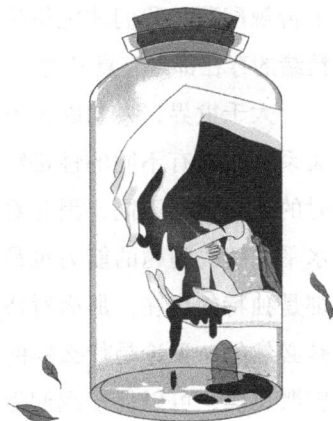

Chapter 6
看透自己的情绪，做情绪管理的高手

🍂 每一种情绪的存在都是有意义的

俗话说："月有阴晴圆缺，人有旦夕祸福。"这些事在其发展过程中，无论我们是否能够左右，结果总是会让我们产生不同的情绪。人类正是有了喜怒哀乐的情绪，生活充满了苦辣酸甜，我们才觉得生之美好，值得留恋。所以，每种情绪的存在都是有意义的。

大千世界，人们因为不同的生活条件、教育水平、人际关系等而具有不同的性格特点。不同的性格特点在遇到问题时的反应也会不同，因此看问题的角度和立场、分析问题的水平、解决问题的能力也是不同的，甚至大相径庭。每个人都是独特的存在，那么对待问题和事件，产生不同的情绪也是必然的。无论是什么样的情绪，都是我们当时当地正常的应激反应，可以促使我们做出某些决定，所以，他们无论以何种形式和状态表现出来，都是有意义的。因为情绪会反映一些问题，告诉我们一些事，虽然我们很多时候可能未必明白。但是我们一旦明白，就知道可以借此认识自己，也发展自己。

一个人风雨兼程地赶路，已经一天不吃不喝，这时，骤然让他喝水吃饭，他一定感到满足。满足，是提示他水和食物填补了他对能量的欲望。一个球队在一场比赛中打得非常辛苦，终于在临近结束的时刻进球了，那一刻，他们一定是兴奋的。这是因为球员们受到胜利的刺激后产生了心理功能的加强。一个人由于能力出众，成绩优秀，被嫉妒者散播流言中伤，他一定会委屈和难过。因为他的收获是经过他的努力奋斗而得，却被人误解，他渴望理解，期待和现实却失衡了。一对感情很好的恋人，因为某些原因不得不暂时分开，异地而居，当夜深人静，他们想起两人共同经历的甜蜜时光，他们一定会感到孤独，因为他们的内心和幸福的那个自己"失联"了，他们渴望与对方见面相守……

看，任何一种情绪都是有价值的，有意义的，即使诸如委屈、孤独、愤怒等负面情绪，也有着它们存在的价值。

一个人性格的完成，需要他的内在和外在世界进行一次次的交流和碰撞，要在这些碰撞中不断完善并最终确立。然而，一个人的情绪避免不了他经验的局限性和独特性，所以阅历虽然能塑造每个人的性格，却会产生不同的结果，因此人们的性格和情绪总是不同的。性格和性格影响下的情绪反过来又会在很大程度上影响我们的行为和决定，影响我们的生活走向。从这个角度来说，情绪在生活中存在的价值不容小觑。

坏情绪是一种主动的选择

情绪是一种主动的选择和决定，好情绪如此，坏情绪亦然。同一件事，如果结果不能让人满意，人们会因为不同的性格和心态而有不一样的反应，或置之不理，云淡风轻，或心乱如麻，无法自拔。后者，就属于我们说的坏情绪。

所谓坏情绪，就是负面情绪，包括生气、愤怒、伤心、失落、痛苦、沮丧等，是当事物的发展没能按照一个人的预期进行，为他的生活和工作带来不良影响后，一个人心理活动的巨大起伏。这种情感体验反过来也会让人产生身体上的不适，甚至影响正常的生活和工作。

从本质上说，坏情绪其实是一个人在面对突发情况束手无策，潜意识中觉得自己暂时无能造成的。但是这种反应又是正常的、可调节的。我们常说要控制情绪，就是要调节自己的心理状态，然后正视问题，想办法解决问题。

控制情绪并不是说要压抑自己的负面情绪，而是接受事坏情绪其实是一个人在面对突发情况束手无策，潜意识中觉得自己暂时无能造成的。

件结果带来的不良影响，调节心理，以让自己的心情平复下来。心理研究表明，压抑并不能消除不良情绪，它会在内心深处沉积下来，当积累到一定程度会以破坏性的方式爆发出来，造成难以想象的伤害，严重的还会造成更深的内心冲突，导致心理疾病。

一个生长在城里的小孩来到乡村的一处山谷游玩，玩得高兴时，他欢快地叫了起来，山谷也响起同样的欢叫。小孩很诧异，冲着山谷问道："喂，有人吗？"山谷里也同样传来一声："喂，有人吗？"小孩更是惊奇，问："你是谁呀？为什么不出来？"山谷同样重复着这句话。小孩很生气，以为有人在捉弄自己，便开始咒骂，结果可想而知，山谷也开始"咒骂"他。小孩没占着半点儿便宜，最后忧郁地离开了。

回到家里，小孩终日郁郁寡欢，总以为有人诚心和自己过不去，脾气变得很坏，身边的小伙伴渐渐疏远了他。妈妈很担心儿子，想了解是什么事情造成了儿子的反常，于是关心地问他究竟发生了什么。

小孩把那天在山谷的事情说给妈妈听。当妈妈知道是山谷回声引起的结果后，并没有直接跟儿子解释，而是温柔地对儿子说："人生就是这样，你对别人不好，别人也会同样对你，明天我再带你到山谷认识一下那位小朋友。"

第二天，妈妈把小孩带到山谷上，鼓励孩子大声喊"我爱你"。孩子很尊敬和相信妈妈，于是按照妈妈的吩咐，对着山谷大声地说："我爱你！"远处因此一直回旋着"我爱你"。小孩高兴地跳了起来，马上说道："我想和你做朋友。"远处同样传来相同的声音。小孩顿时激动地呼唤起来。

其实我们和情绪的关系正如孩子跟山谷的关系一样，同样有着"回音"的效果。你对外界情绪的表达会如同镜子一样被反射回来，好情绪源自你的内心，坏情绪同样也是你自己造成的。

好情绪带你上天堂，坏情绪带你下地狱

人是情绪动物。当我们面对世界和生活，随着与他人的交流或与自然的对话，我们的情绪会有所变化，我们感到高兴、欢乐、愉悦、狂喜，也可能会感到愤怒、悲伤、害怕等。正面的情绪会让我们内心充满力量，从内而外都积极向上，促进我们做事的效率，使我们全情投入；负面的情绪则会让我们情绪低落，影响我们的生活和工作的精神状态，长期的负面情绪还会影响我们的身体健康，降低我们的生活质量。所以有人说：好情绪带你上天堂，坏情绪带你下地狱。

人生是一个漫长的旅程，每一次挫折都是生活中的一面镜子，它提醒我们人生不是完美的，认真接纳自己的缺点，肯定自己的优点，以积极向上的态度安排好自己的生活。

　　所以，了解情绪好坏产生的后果，可以提醒你在日常生活中注意管理情绪。

　　美国一位来自伊利诺伊州的议员康农刚上任时遭到另一位代表的嘲笑："这位从伊利诺伊州来的先生口袋里恐怕还装着燕麦呢！"这句话完全是在讽刺他还没有挣脱农夫的气息。

　　康农从容不迫地答道："我不仅在口袋里装着燕麦，而且头发里还藏着草屑。我是西部人，难免有些乡村气，可是我们的燕麦和草屑却能生长出最好的禾苗。"

　　康农不仅没有恼羞成怒，反而坦率地说出自己的家境，并就对方的话顺水推舟地作了绝妙的回答。他的沉着应对让对手哑口无言的同时，也为自己赢得了众人的钦佩，从此他闻名全国，并被人们尊敬地称为"伊利诺伊州最好的草屑议员"。

　　有些人听不得半点儿逆耳之言，只要别人的言辞稍有不恭，不是大发雷霆就是极力辩解或怒斥对方，往往会让局面失控。如果他能一笑置之，甚至找到合适的方式进行反击，反而能赢得尊重。

　　一个单身汉住在用茅草搭起的房子里，每天勤劳耕作，自食其力，渐渐地，他的生活条件越来越好，生活品质不断提升。但令他恼火的是草房里老鼠成灾，白天到处乱窜，晚上扰人不休，使他满腹怨气，却又无计可施。

一天，他喝多了酒，躺在床上休息，老鼠似乎故意在和他过不去，闹得更凶了。他顿时怒火万丈，一把火把房子烧光了。可恶的老鼠没了，但他辛辛苦苦置办的家业也化为灰烬。

当我们愤怒和悲伤时，不妨问一下自己："生气可以解决问题吗？哭可以解决问题吗？"当然不能！人非草木，孰能无情，喜怒哀乐对每个人来说都是正常的情绪反应。当事情发生，需要面对生活中的烦恼时，无论自己是什么样的情绪状态，都先试着肯定你情绪的正常，然后给自己一些时间，疏导不良情绪，平静冷静下来，客观分析情况，尝试着找出解决问题的方法。如果一意孤行，意气用事，于事无补不说，还可能造成情况失控，使事件继续恶化，那就得不偿失了。

所谓的情商高，就是善于管理情绪。拿破仑也说过："能控制好自己情绪的人，比能拿下一座城池的将军更伟大。"能管理好情绪的人，才能有大的担当，因为他已经足够成熟。他会真诚地对待他人，理解和认同别人的需求，同时也会约束自己，宽以待人，言行得体有分寸。有人说，发脾气是本能，控制脾气是本事。这话说得一点儿不错，一个人能够管理情绪，正是他的修养和自制力。一个有自制力的人，他也一定是个能力卓越有本事的人。

不惧负面情绪，也不深陷其中

　　心理学上把焦虑、紧张、愤怒、沮丧、悲伤、痛苦等情绪统称为负面情绪，因为这类情绪通常都是不积极的，我们前文提过，长期存在这些情绪不仅会影响工作和生活，还可能造成对身心的伤害。

　　在现实生活中，有很多人之所以痛苦不堪，往往不是因为此刻正在经受的折磨，而是沉浸在过去的郁闷中，有些甚至是过去很久的事，这让他们常常寝食难安，身心俱疲。

　　2005 年，有个人将位于北京海淀区的一套房子卖掉，可谁曾料想自此以后，北京的房价一路飙升，他们那个小区的房子迅速从每平方米 3000 元上升到每平方米 8000 元，升值速度之快令人咂舌。

　　卖就卖了，可他算了一笔账，这一算对他打击不小，因为若按之后的价钱出手，他直接亏了几十万。他大受刺激，非常悔恨，逢人便说自己亏了几十万的银子。再加上一些人的附和和惋惜，他更加耿耿于怀，简直成了现代版的祥林嫂。

　　他日思夜想，睡眠质量急剧下降，终于导致长期失眠，形容瘦弱憔悴，甚至患上了轻微的精神分裂症，不得不住院治疗。

　　遇到这种事情，他最开始的表现其实很正常，能够让人理解，但是毕竟事已至此，多想无益，不如过好眼下的生活，可是他只看到了他的失去，且为当时自己决定的匆忙而悔恨，沉溺在这些情绪中不肯自拔，终于影响了他的健康和生活。

人生本就是对错交缠的过程，谁也不是神机妙算的仙人，无法掌控不可预知的未来，既然出现困惑的事情，造成了自己的负面情绪，何不快速从中剥离，坦然面对？

1923 年，年轻画家沃尔特·迪士尼正处在为电影事业奋斗的时候，向他叔叔借了 500 美元。当时他叔叔坚持要侄子偿还现金，而不是将这些钱入股做股东。

后来，迪士尼公司一举获得成功，在动画片的创作上成为美国首屈一指的先锋企业。如果当时他叔叔选择将钱入股而不是要现金，那么他后来至少能获得 10 亿美元的回报。

如果他叔叔纠结于此，岂不是要自杀？结果已经发生，如果沉溺于悔恨和痛苦，除了徒增郁闷，简直会让人觉得生无可恋啊。可见，人还是要着眼于未来，尝试改变自己的情绪和心境。只有自己改变心态，外在的世界才会改变，糟糕的局面有可能发生逆转。

一滴墨汁倒入瓶中，瓶子里的水的颜色一定会变得黑一点儿，可是这滴墨汁如果滴入大海，一定会无影无踪。所以，把自己的胸怀放大，负面的情绪才会化解以至消失，否则，痛苦只会放大。

学会管理情绪，就是学会管理人生

想成为一个成熟的智者，你必须具备洞察事物的能力和遇到挫折时的承受力，同时懂得稳定和管理自己的情绪，只有这样才能在思想、行动、感情上具有较强的独立性，并且为了明确的人生目标理智地奋斗。可以说学会管理情绪，就是学会管理人生。

有一次，德国柏林空军俱乐部盛宴招待空战英雄，一位年轻的士兵斟酒时不小心把酒洒到了乌戴特将军的秃头上。全场安静，士兵战战兢兢。将军却神色平静，拍拍士兵的肩头，"老弟，你以为这种方法能使我的头发再生吗？"会场立即爆发出了笑声，人们紧张的心情顿时轻松下来，宴会气氛重新热闹欢快起来。后来，将军因此被后人评点为"智慧将军"。

假如当时乌戴特将军认为他的遭遇有失尊严而大发雷霆，对那位士兵严词训斥，那么小士兵很可能会因此受到惩罚，承受他人的指点；酒宴的欢乐气氛将就此低迷尴尬；将军也会给人们留下暴躁刻薄的印象。乌戴特将军虽然一度非常尴尬，但是他很宽容，原谅了小士兵的无心之失，还很快调整了情绪，以自嘲缓解了当时的紧张，让宴会能够继续热闹起来。

每个人都是在不断的磨砺中成长起来的，人生中每一次意义重大的经历，每一次选择和决定都对今后的生活和工作有着重要的影响。为了不让负面情绪影响我们做出错误不理智的抉择，最好学会管理情绪。毕竟即使是个幸运儿，运气也不可能一辈子用之不尽。

那么究竟应该如何去进行情绪管理呢？

首先，正确认识坏情绪的产生是正常的，要学会接纳它。接下来明确这种情绪是哪一种情绪，为什么会产生。然后告诉自己，你感觉到了负面情绪，是一个正常人的正常反应。

其次，要适当进行表达和发泄，以此进行调节。深呼吸之后，就可以平静一点儿，然后需要向人表达的时候，要讲究方法和策略，不能不管不顾，任性发泄，而是有分寸地表达出自己的担心、不满或气愤等。如果没有表达对象，那么发泄的方式也多种多样，对着空气大喊，放松心情去进行娱乐活动，甚至大哭一场也是可以的，这些都能转移注意力，削弱坏情绪的不断影响。当然了，如果能向可靠的朋友和家人倾诉也未为不可。

最后，让自己的生活尽量变得有规律性，能计划安排好自己的生活和工作节奏，增加娱乐休闲活动，培养兴趣爱好，陶冶情操，因为这些在表达和发泄情绪的时候，都可以成为有效的途径和方法。

情绪管理在当今社会是非常重要的，它深刻影响着我们的生活品质和工作效率，所以当我们的情绪发生波动时，我们就可以按照上面三个步骤进行练习，有意识地进行自我调节。时间一久，管理情绪的能力越来越高，我们就能越来越从容面对生活中的一切变化，解决问题也会快捷有效。

Chapter 7

别和自己较劲，顺势提升才是王道

🍂 勇敢果断，才有机会和未来

有些人总以为自己之所以不成功，是因为没有遇到合适的契机大干一场，却没有思考频频没有机会的本质原因。其实上天给予每个人的机遇是对等的，之所以有人会获得成功，而有人却一生碌碌无为，并非上天不公，而是在机遇到来时有人能勇敢果断地及时抓住，而有人却在犹豫不决中眼睁睁地看着机会消逝。我们经常说，机会是留给有准备的人，我想，所谓的"准备"除了指学识的积累、能力的培养，还需要有随时都去抓准机会的心理。

毫无疑问，勇敢果断是追求成功之路上必不可少的品质。只有勇敢果断，才能在机会来临时当机立断；也只有勇敢果断，才能在面对挫折和困难时，勇于承认和接受暂时的失败，并积极想办法，付诸实践，不断尝试。

　　本杰明·富兰克林，美国著名的政治家、外交家，同时他也是著名的科学家和发明家。为了解开雷电现象的秘密，他对雷、闪电和云的形成进行了细致的观察和研究，推测闪电和摩擦产生的电相同。只是他的论断遭到了人们的嘲笑。但他不以为意，1952年的某一天，雷电交加，富兰克林把一个风筝装了一把钥匙，然后带到空旷地带，高高放到了天上。一道闪电从风筝上掠过时，富兰克林把手靠近了钥匙，立刻被一种恐怖的麻木感击中，他兴奋大叫，知道自己把电捕捉到了。他把电引到莱顿瓶中，莱顿瓶里顿时冒出了蓝色的电火花。后来，他又进行了多次研究和实验，终于发明了避雷针。正是因为富兰克林的勇敢和果断，不畏流言和危险，才使自己不断征服一座又一座科学的山峰。当然，他捕捉电的实验非常非常危险，切勿模仿。

　　英国作家笛福的代表作《鲁滨孙漂流记》讲述一个名叫鲁滨孙的人年轻时航海，不幸遭遇海难，只身被冲到一个热带孤岛。从此他依靠水手时代习得的地理知识、天象人文观测和潮汐变化等计算方法，与大自然搏斗，记录自己的荒岛日常，并随时等待被救的机会。

　　二十多年后有一天，他从食人族手中救下了一个俘虏小男孩，并为其取名星期五。两个人在朝夕相处中，发展了如父子如朋友般的深切情谊，而且因为不同民族、宗教和文化的碰撞，他在不知不觉中有了性情上的改变。后来在偶然机会下，他又救下了星期五的父亲和其他几个俘虏，在了解情况之后，他们制定了离岛计划，并最终得以回到家乡。

每一次危难他都惊险地活了下来，还最终结束野人生活，这离不开每一次他勇于做出选择和决定。因为他勇敢果断的行为，他抓住了离岛的机会，也改变了今后的生活。

现实生活中，我们几乎不可能有鲁滨孙这样的遭遇，但无论何时何地，勇敢果断的人一定不会在面临选择时瞻前顾后，畏首畏尾，他会抓住每一次改变命运的机会，从而创造未来。

那么如何才能让自己变得勇敢果断呢？

首先你需要克服自卑情绪，让自己拥有自信。不要用现实的标准来衡量自己，要坚信你可以凭借你的聪明才智和努力奋斗达成目标。

有些人会清楚地意识到自己的缺点，但是不会因此自暴自弃，他也明白自己的优点，而且相信自己有能力有机会，努力发展和培养自己，乐于学习别人的长处，弥补自己的不足，磨砺自己的性格。这一切都源于他的坚强果断。

其次，想变得勇敢果断，还要有坚忍不拔的决心，不能因为挫折放弃追求，也不能因为害怕半途而废。必须认定心中的目标，直到成功。

贝利是二十世纪最伟大的足球明星之一，被尊为"球王"。他从小就非常喜欢踢球，由于家境贫寒他只能赤脚踢球，但他的技术一点儿也不比其他有球鞋的孩子差。13 岁时，他开始代表当地俱乐部少年队踢球，使该队连续三年获包鲁市冠军。

为了实现继续踢球的梦想，贝利果断地选择到巴西最有名的桑托斯足球队继续进修。可是最初因为害怕那里的大球星瞧不起自己，向来自信的他紧张得一夜未眠。

他不断告诉自己，他很优秀，所以能够和那些优秀的人一起进修。为了克服不良情绪，他把所有的心思放在踢球上，浑然忘我，终于能够保持坦然自若的心态，此后竟以破竹之势在足球生涯中攻进 1281 个球，成为当之无愧的一代"球王"。

贝利的成功告诉我们，只要心中确定一个目标，付诸行动，勇往直前地拼搏，就一定能走向成功。

再次，想变得勇敢果断，还要加强自己的心理承受能力。即使有一百次的失败，也要在第一百零一次站起来。

被后人尊称为"历史之父"的司马迁是中国古代伟大的史学家、思想家、文学家，他凭借坚韧不拔的毅力创作了中国第一部纪传体通史《史记》。

公元前 99 年，李陵出击匈奴，兵败投降，司马迁为其辩护，遭罪入狱，被判死刑。可是他修史的理想尚未完成，他不想身死而壮志未酬，于是毅然果断地请求宫刑（据说，当时被判死刑有缓和余地：一、凭借先祖庇荫免除死刑；二、花巨资买命；三、申请宫刑代替死刑。司马迁祖上只是文官小吏，又没有丰厚的家财）。他承受着奇耻大辱，终于完成了"史家之绝唱，无韵之离骚"。如果没有他当初的当机立断和强大的承受屈辱的心理建设，今天的我们绝对看不到这样彪炳千古的鸿篇巨制。

勇敢果断的性格决定了一个人，无论面对什么样的境地，都能理智地分析利弊，愿意为了理想而坚定不移，也愿意为了理想有所牺牲。因此，他们最终得到了掌握人生航向的机会，大大改写了未来。

🍃 成熟沉稳，是掌控大局的起点

成熟往往能决定一个人面对挫折和磨难时所持有的沉着稳重的态度，它褪去了幼稚的外衣，理智地确立了人生的方向。事实上一个拥有大局思维的人，成熟沉稳一定是他要具备的基本素质，只有如此，他才不会心浮气躁，才不容易改弦更张，不会因小失大，更不会半途而废。他有自己考虑问题的高度和广度。

那么究竟如何去做，才能让自己成为一个成熟稳重的人呢？

第一，控制情绪，保持平静，凡事三思而后行，遇事不惊慌，不退缩，不激进。有些人情绪表露非常明显，遇事很容易被激怒，接下来就开始言行无状。他们心态幼稚，性格浮躁。有些人爱发脾气爱撒娇还动不动就哭泣，还可能自诩真诚单纯，自然流露，实质上是对自己的纵容。

人终究是社会性的动物，必须在解决问题中生存和发展，所以很多情绪的任性显露并不能解决问题，对事件的发展更无帮助。

意大利传奇女记者法拉奇，很小的时候她就已经知道哭泣不能解决任何问题。

法拉奇七岁的有一天，她的爸爸因事打了她一顿。法拉奇默默地蹲在墙角哭泣，爸爸走过去对她说了这样一番话："孩子，如果爸爸打的是对的，哭没有任何意义，并不能表示你受的委屈，你应该仔细想一下为什么会挨打，以后怎样做才不会被打；如果爸爸打的是错的，哭泣更不能说明任何问题，只能表示你胆小不敢辩解，你应该告诉爸爸打错了，免得以后又错打你。"

法拉奇从那时就知道，只选择哭来发泄情绪只是一种无奈、一种无助、一种表现自己无能的方式，除此之外没有任何意义，也不能解决任何问题。从此以后，她学会了遇到问题冷静思考，理智地分析处理问题，用事实证明自己的能力，终于成就了"女孩不哭"的传奇。

第二，不要轻易在他人面前诉说不幸，职场人尤其不要在同事面前评论自己公司和领导的不是，也不要诉说家庭的矛盾与不和。因为很多时候这都会表明你是一个没有分寸感的人，品格、格局低下，你不是沦为笑柄，就是会成为别人攻击的对象。

现实生活当中已经有很多真实案例，主人公临近中老年突然遭遇破产，或刚刚开始创业，甚至需要四处借债来维持生活或事业的运转，可是他们从来不向别人述说自己的不幸和痛苦，身上更不见颓废，总是意气风发，昂首挺胸，对未来充满希望，保持理智的自信。所以即使现状不容乐观，他们依然对未来充满理智的希望，并最终能够出人头地。

那些每天逢人就诉说自己痛苦遭遇和多舛命运的人，往往是甘愿沉浸在不幸中自恋自怜的人，他对人生不抱期待，所以生活也就像他描述的那样继续。

第三，不要轻易亮出自己的底牌。无论是出于策略考虑，还是出于自我保护的考虑，与人交往，想征询别人的意见，尤其谈判时，千万不要先讲自己的观点，亮出自己的底线、底牌，不然很容易成为别人或对手的有力砝码。

因为除了表示对他人的尊敬，还要想到，不是所有人都是善意单纯的，一旦涉及利益的博弈，轻信、毫无防备的一方一定会输得非常彻底，不仅会输掉谈判，为公司带来巨大损失，还有可能被人嘲笑，丧失尊严。

正确的做法是不轻信，不主观，不武断，更不急于亮出自己的底牌，而是在交谈中，不断试探对方，也想办法化解对方的试探。这都是成熟沉稳的表现。

第四，说话要慢，走路要稳，言行举止有度不轻佻。有些人站坐无状，说话轻浮，办事没有章法，遇事不经大脑，容易慌张，这都是心智不成熟、办事不沉稳导致的，给人的感觉只会是急躁暴动不靠谱，那么就不会让人产生信任感，更不敢交与任务或托付。

一个人的言行举止，甚至一件微乎其微的小事都可以反映出他的心态与修养。一个能够掌控大局的人，一定是个心思成熟、性格沉稳的人。那么我们不妨无论做什么，都能好好想一想，综合考虑各种因素，再有的放矢地行动。

积极乐观，让艰难变成不一样的灯火

两个在沙漠中行走的人，非常口渴，此时他们看到了半瓶水，其中一个人很沮丧地心想：怎么只有半瓶水啊？另一个人却很开心，他说：还剩半瓶水啊，真是太好了！

面对同一件事，不同的人有不同的看法，与其无谓地抱怨，不如积极地接受。人生就像大海中的一艘小船，不经历海浪的颠簸永远不会达到理想的彼岸。当困难或挫折来临后，一个人的心理状态，往往能决定事情的走向：你积极乐观，

艰难就会变成不一样的灯火，指引给你正确的方向；如果你消极悲观，沉溺于悲伤就会看不到出路。

北宋著名文学家、书画家苏轼有一个好友叫佛印，他们经常一起探讨问题。有一次，两个人一起趺坐，苏轼问佛印："你看我打坐的样子像什么？"佛印说："在我眼里，居士像佛祖。"苏轼却说："在我眼里，你像一堆牛屎。"他因此洋洋自得。

苏小妹却对哥哥说："一个人心里有佛，他看别的东西就都是佛的影子，一个人心里要是装着牛屎，在他眼里什么东西都像牛屎。"

一个人的内心是积极的，他看待周围的事物也都是美好的一面，若内心是消极的，他看到的也都是阴暗的一面。积极心理学就是用正确的态度看待人生，做到内心坦然淡泊，不管是自然灾害还是人生变故，都能以不变应万变。

斯蒂芬·威廉·霍金是英国剑桥大学应用数学及理论物理学教授，一个在轮椅上生活了三十多年的人，他不能说话，不能动，只能借助机器说话和行动，身体呈完全扭曲的状态，唯一能活动的就只有三根手指。

在一般人看来，这样活下去已经没有意义。上帝看似关闭了他的所有门，可是他自己打开了另一扇窗。面对自身残疾，他不仅没有放弃生存的希望，反而与死神勇敢抗争，终生追求心中的理想。他发现了黑洞的蒸发性，推论出黑

当困难或挫折来临后，一个人的心理状态，往往能决定事情的走向：你积极乐观，艰难就会变成不一样的灯火，指引给你正确的方向；如果你消极悲观，沉溺于悲伤就会看不到出路。

洞大爆炸，被称为世上最伟大的科学家，并被誉为"宇宙之王"。

霍金是一个非常热爱生活的人，他没有因为自身的残疾放弃积极进取的权利，他承受着普通人无法承受的疾病折磨，在困难面前心胸豁达，笑对人生。最重要的是他始终坚持自己的理想，敢于为理想而努力奋斗。如此人生困厄反而让他充分开发利用了大脑的智慧。

只要你想获得成功，那么在理想面前，所有的困难和病痛都会显得渺小；只要你想成功，你就必须勇敢面对一切困难，哪怕只有一线希望，也要付出百分之百的努力。

那么应该怎样磨炼积极乐观豁达的心态呢？

首先，要放下物质欲望，做到知足常乐。欲望本是一种与生俱来的东西，但是过分强迫自己追求所谓高质量的物质生活，难免会被名利所累。只有具备乐观的心态，不奢求身外之物，努力克服不良欲望，才能在成功的时候看到自己的不足，挫败的时候看到自己的成绩，时刻保持淡泊的心态。

其次，面对挫折时，要相信自己。你一定要坚信明天的生活会更美好，这是激发自身动力和毅力的最好办法，也是解决困难的最佳心理状态。面对困难时，多听取别人的意见和忠告，多吸取教训和总结经验，进而做出正确选择。

最后，给自己制定切实可行的目标，既不可有过高的奢望，也不可过低看待自己。人生在世，如果没有既定目标，无疑是把成功的机会让给别人。作为一个渴望成功的人，最重要的不是你目前所处的位置，而是你即将去往的方向。大海中的灯塔是为过往船只指引航向的，生活的目标也是如此，只有具备自己的航向，你才能驶向成功的彼岸。

拥有积极乐观的心态是面对困难的精神动力，苦难也就有了磨炼的光环，你才能有坚强不屈的勇气。人生的悲欢离合谁也逃不掉，与其悲观地怨天尤人，不如积极地奋起搏击，也许你的一击，理想就变成了现实。

大度容人，源于超强的视野

生活在这个社会中，我们经常会碰到一些鸡毛蒜皮的小事，如何为人处世就显得尤为重要。很多时候，一个人能做到大度宽容，往往由于站得高想得远，他因为有超强的视野，所以不为一时的利弊得失所动摇，更不会斤斤计较。俗话说得好，"宰相肚里能撑船"，宰相的格局更大，有信心掌控局面，所以他不屑于纠结眼前。

清朝康熙年间流传着一段佳话，一位叫张英的大学士，某日收到家信，说家里为了争三尺宽的宅基地，与邻居发生纠纷，要他利用职权疏通关系，打赢这场官司。

张英读完信后会心一笑，立即挥笔写了一封信，并赋诗一首：千里修书只为墙，让他三尺有何妨？万里长城今犹在，不见当年秦始皇。家人看到回信，顿时明白了他的意思，自动让出了三尺宅基地。邻居见了觉得很不好意思，也主动让了三尺出来。结果原本互不相让的地方，多出了一个六尺小巷。

身为当朝学士的张英完全可以利用手中职权为家人争回地基，但是他反而劝家人放弃这块地基。他大度容人的行为为他挣得了后世人许多美誉。

然而，在现实生活中，做人宽容口说容易，真正实行起来就显得很困难。我们常常会看到这样的场景：街头巷尾，某人的车子碰到某人的裤腿，俩人唇枪舌剑，互不相让，甚至大打出手；公交车上因为让座或拥挤产生分歧，拳脚相向……这些都是完全没有必要的，假如当事双方能够相互退让一步，大度一些，不至于浪费时间让别人看自己笑话，甚至可以避免很多悲剧的发生。

当然，我们所说的宽容并不是无原则的迁就。路遇老人摔倒无人敢扶，公交车上碰到偷人钱财的小贼无人呐喊，撞人潜逃事件无人再管等事层出不穷，人们在面对此种情况时，表现得确实够宽容，可是这样的宽容并不可取，因为这是对恶势力的姑息纵容，是不分善恶的行为。真正的宽容是建立在道德之上的相互谅解和支持，只有不计较人生得失，才能保持健康的胸怀，建立纯洁的人际关系。

将自己的心态放低，不与人斤斤计较，从某种意义上来说就是源于一个人对生活高度和格局的超强视野。他不会因小失大，不会因噎废食，遇事一定通盘考虑，想方设法周全。

那么如何才能拥有让周围人钦佩的容人之度，做到宽容待人呢？

首先，日常生活中不如意的事十有八九，与人的磕磕碰碰也时常会发生，我们不必为了小事耿耿于怀，如果是大事，想办法解决就好，没必要纠结于已成定局的结果念念不忘。须知塞翁失马，焉知非福。与人交往时如果出现有损自己利益的事，安慰自己不要生气，尝试各种办法调节不良情绪，比如深呼吸，自我暗示等。

在公交车上，因为人多拥挤，一位女子不小心将牛奶洒在了一位男子的西装上，女子很惶恐，生怕惹来事端，而男子并没有因此责备女子，反而安慰她，让她不要放在心上。

宽容常常体现在小事上，感动也时常发生在瞬间，男子的大度化解了两人之间的尴尬，也避免了一场口角的产生，这无疑是睿智的选择。

其次，时刻拥有乐观心态。生活中我们经常发现一个身处人生低谷的人或境况仅次于身边人的人对别人的顺遂不满，看不得别人好。他们拘泥于自己世界的小小屋檐，沉溺在不如人的压抑郁闷中不愿出来。如果他能乐观向上，看到的就会是更广阔的天地。所以无论什么时候，人都要给自己鼓励和希望，这样才可能为了脱离困境或追求更好的生活而努力奋斗。

最后，提高自己的道德修养。俗话说：腹有诗书气自华。多读书能让你心境平和，待人宽容。平时可以看点儿修身养性的书，如哲学、心理学等，调整自己的人生观，让自己拥有良好的心态、处事周全的能力，同时从书中吸取他人的经验，培养自己的优势。

生活中矛盾、误会、冲突等都是常有的事，关键是要学会宽容别人，适当原谅别人的过失，要知道，很多时候吃亏并非一定是坏事。面对激烈的市场竞争和风云突变的世界，一个人拥有宽阔的胸襟，才能时刻保持良好的竞争状态，彰显过人的气度，这也是事业成功不容忽视的一个方面。

诚实守信，让人生境界更高远

诚实守信是一种难得的良好品质。往大了说，它可以让一个国家立于不败之地，往小了说，它可以让一个人安身立命。不管何时何地，一个人何种身份，讲求诚信，是取得事业成功的关键。

孔子曾经说过："人而无信，不知其可。"意思就是说一个人是不能不讲信用的，不然就会承担不好的结果。

西周时期，周幽王的宠妃褒姒，艳若桃李，但面如冰霜。为了博美人一笑，周幽王不惜点燃都城附近的烽火台（烽火是古代边关报警的信号，只有当外敌入侵急需救援的时候才可以点燃），结果各方诸侯见到烽火，率兵火急火燎赶到都城，却发现是君王只是为了讨好妃子而有意戏弄他们，于是愤然离去。

五年后，西夷犬戎一举进攻周朝，周幽王再次点燃烽火。结果无人赶来救援，幽王被杀褒姒被俘。

一个帝王言而无信，游戏群臣，结果自食其果，落得身死国亡的境地。

商鞅变法时，法令刚刚制定完成，即将公布于天下。但是老百姓并不相信统治者的决心，于是商鞅在都城市场的南门树立了一根大木柱，声明只要谁把木头搬到南门，就奖励十金。众人观望。又把悬赏提升至五十金，有人就把木柱搬走了。商鞅当即赏了五十金。百姓知道他言出必行，于是也相信他颁布的法令，最后秦国改革得到了上下一致的拥护，并最终发展为大国、强国。

可见诚信对一个国家的兴衰存亡有着多么重要的作用。君主诚信，可以获得大臣和诸侯国的拥护，更可以得到百姓的支持，甚至得到对手的尊敬。

春秋时期，晋国公子重耳由于不受宠爱，为避免杀身之险逃到别的诸侯国避难避了十九年。后来，重耳来到楚国，受到楚王的热情款待。楚成王开玩笑说："公子若要回到晋国，将来怎么报答我呢？"重耳回答如果他能托楚成王的福回到晋国，愿意两国交好，让百姓太平；一旦发生战争，他愿意退避三舍，即自动撤退九十里。后来重耳果真回国即位，他关心人民疾苦，整顿内政，发展生产，很快使晋国强盛起来。不久后，各国为了争夺霸主地位，纷纷起兵征战，晋国和楚国关系也开始剑拔弩张。

当楚军向晋军驻扎的地方进攻时，晋文公命令军队后撤九十里，以实现当初的诺言，占取道义，赢得了所有人的赞赏和尊敬。此后晋文公会聚诸侯，订立盟约，成为中原霸主。

晋文公退避三舍的典故成为遵守诚信和道义的历史典范。

言必信，行必果，这是中国社会古往今来提倡的传统美德，人因诚信而立身齐家治国；国因取信于民而能招民以附，增强国力；商因诚信而占据有利地位，竞争实力加强……无论哪一领域，诚信往往起到至关重要的作用，否则，危害无穷。

那么，如何才能做到诚信，进而赢得他人信赖和尊重呢？

第一，与人交往时，要热情主动，不虚伪。人与人之间能否深入交流，往往取决于双方真诚与否，否则即使一方诚意十足，另一方虚与委蛇，终究会让诚意一方却步。没有人会愿意跟不愿以真面目示人、满嘴客套却言之无物的人有过多接触。既然他不肯真心实意，那么靠谱又何从谈起呢？不靠谱，就不值得托付了。

第二，要善解人意，多站在对方的立场上考虑，要尊重别人的利益和真实需求。如果凡事只从自己的角度和利益出发，不顾他人，自私自利，也就很难保证在继续交往中不为了利益而临时反戈背叛。所以，愿意体谅对方难处，均衡双方利益，才值得他人信赖。

第三，自然坦率。为人处世切忌矫揉造作、刻意粉饰。遇到问题支支吾吾，装腔作势很让人反感和防备，因此要想获得他人信任，你一定要是一个诚信坦率的人，你愿意展现真实的自我，除了说明你内心强大，能力卓越，也说明你诚意相交。

在物欲横流的当今社会，追名逐利、弄虚作假四处泛滥，坑蒙拐骗、形式主义无孔不入，因此诚实守信显得尤为重要。想赢得更多人的信赖，树立起自己的威信，需要你把好诚实守信的门槛，把持好自己的内心，时刻做到问心无愧，唯有如此，你才能更快地迈向成功。

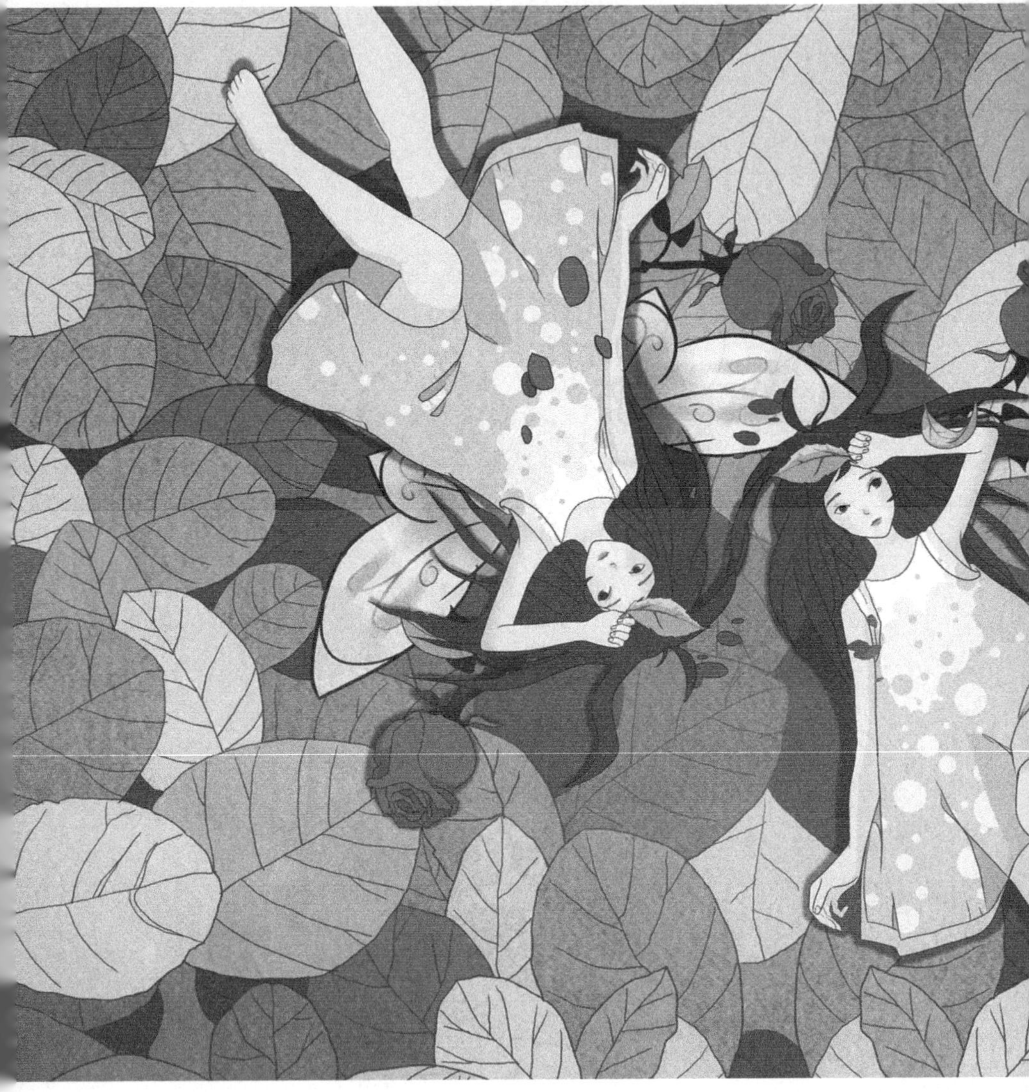

Part 2

读懂别人
把握制胜先机

Chapter 8
读懂别人的微表情，不动声色就能占尽先机

咬嘴唇，会让别人发现你的负面情绪

2001 年"9·11"恐怖袭击事件发生后，布什在第一时间发表了电视演讲。虽然镜头前的布什庄重稳妥，陈述处理问题的方法时掷地有声，但还是有人看出了这一事件对他的打击。

原来布什的一个小动作泄露了他的内心世界——咬嘴唇。那么咬嘴唇的小动作究竟代表着什么呢？心理学认为，当有事发生，一个人咬嘴唇正说明他心中充满焦虑，却又想极力掩饰。

细心的人不难发现，当记者就这一事件采访布什的时候，他只要稍作停顿，总会下意识地咬住嘴唇。不仅如此，此后的很多场合中，只要一有记者提到该事件，或某些场景涉及此话题，布什也总会出现下意识咬嘴唇的动作。

能看出这一隐秘动作的，无疑是十分细致、善于察言观色者，这种人在人际交往中往往会根据他人的表情泄露的内心想法而猜测事件可能的发展方向，因此赢得更多机会和时间，进行事先安排部署，对接下来的事情予以考虑应对措施。

那么咬嘴唇是不是只意味着内心焦虑？其实不然，咬嘴唇作为一个司空见惯的小动作，含义丰富，不同场合它所传达的内心状态也截然不同。

第一，犯错后的紧张心理。为人师者或为人父母，可能有这样的经验，只要孩子犯了错误或说了谎话，就算他再镇定自若，也会不由自主地出现咬嘴唇的动作。

人之所以会这样，跟人体在紧张时的生理反应有关。一般来说，因为担心受到惩罚或被识破谎言，人们的心跳会不受控制地加速，血液的流动也会加快，此时流经唇部的血液必然相应增多，进而导致嘴唇出现微胀感或微痒感，这种感觉会让人下意识地去触碰它，那么用上牙齿轻咬下唇就是最简便的方法。

第二，生闷气时的恼怒。打牌时，如果你发现对方鼻子轻皱，嘴唇轻咬，那么很有可能他手里是副烂牌，正在生闷气，却又不得不努力隐忍，这时你可以放心大胆地大展拳脚。

生活中总会发生大大小小的不顺之事，很多人都会有恼怒却又必须隐忍的时候，此时因为情绪得不到宣泄，身心无法放松，有些人就会选择用咬嘴唇这一方式表达情绪。如果你能根据当时的情况予以猜测，很容易就能把握先机。

第三，自我惩罚的表现。细心的人也许会发现，运动场上的运动员一旦遭遇失利，总会做出咬嘴唇的动作。其实在这种场合下，咬嘴唇除了表示焦虑外，也是一种自我惩罚的方式。

某些性格比较要强的孩子在考试失利或不小心做了错事后，甚至会将自己的嘴唇咬出血泡或者干脆咬破，这些都属于自我惩罚，目的是为了让自己记住不再出现类似的问题。

由此可见，咬嘴唇这个动作大多数情况下所传达的都是消极的情绪和心理，动作执行者在无形中所透露的都是自己内心的负面情绪。

说到这里，很多人还会有这样一个疑问，既然我们能看透别人咬嘴唇代表着什么，那如果我们自己咬嘴唇，别人岂不是也能猜出我们的心理？要如何才能改掉这种动作，把自己的消极情绪更好地隐藏起来，不被别人发现呢？

这倒也不难，只需我们掌握以下技巧。

首先，用心理暗示告诉自己"没必要咬嘴唇"。很多时候，当你一遍又一遍地告诉自己"我不紧张"时，你的紧张感就会获得一定的缓解。咬嘴唇这个动作对人们来说同样如此，如果你不断暗示自己，出现问题时即便咬嘴唇也于事无补，倒不如想办法积极应对，慢慢你就会改掉这个习惯。

咬嘴唇这个动作大多数情况下所传
达的都是消极的情绪和心理，动作执行
者在无形中所透露的都是自己内心的负
面情绪。

　　其次，在想咬嘴唇的时候强迫自己做个不喜欢且更隐秘的动作。这个办法源自于心理疗法中的"系统脱敏法"，即当你时常用使劲儿咬一下舌头或用指甲狠狠掐自己一下等方式来替代咬嘴唇时，慢慢地你就会戒除这个动作。

　　为了不在人际交往中身处劣势，在懂得别人咬嘴唇时所透露出来的信号之外，还要让自己避免这个小动作，因为它不仅看上去不美观，还会传达负面信号，让对方一眼就能看穿你的言行，甚至对你的印象大打折扣。

微笑，是电是光是神话

　　列夫·托尔斯泰曾说："我觉得人的美貌就在于一笑，如果这一笑增加了脸上的魅力，这脸就是美德。"

　　心理学家研究表明：人的面部表情可以影响情绪，一个人心情最好的时候莫过于发出微笑的时候——不管男人还是女人，大人还是孩子，无一例外。可以这样说，微笑是一种幸福的表现，是一种美丽的象征，是一种自信的外露。

　　微笑是电，能为双方提供力量；微笑是光，可以温暖人心；微笑是神话，可能在不经意间改变我们的人生。我们每个人都无法拒绝微笑的感染，因为微笑本身蕴藏着极大的力量和魅力。

下面就让我们一起来感受一下微笑所迸发的魅力吧。

两名同样刚大学毕业的学生到一家公司应聘。面对发问，甲滔滔不绝甚至不等主考官说完就大发意见，很有"英雄无用武之地"的感慨。而相貌平平的乙，始终面带微笑，平静而又不失机灵地陈述自己的见解。

结果乙被录用，甲名落孙山。主考官说："我从乙的微笑中，看到了乙的平和待人和自信稳重的品质，并了解到乙是一个胸怀开阔、积极进取的人。"果然，被录用的乙工作认真，做事沉稳，很快适应了公司工作，并成为公司的中坚力量，为领导分担了不少烦忧。

这位主考官是个善于察言观色的人，他能够从别人的微笑中发掘潜力，找到"宝藏"。那么在现实生活中，想看懂他人微笑中潜藏的含义，我们必须先要了解一些特别的笑。

第一种，双唇紧闭的"抿嘴笑"。这种微笑常见于女性，通常比较含蓄，或是性格比较内向，不善言辞，或是为了隐藏某个不为人知的秘密，不想与人分享。当对方露出这种微笑的时候，你的交谈一定要适可而止。

第二种，开心的仰天大笑。这种笑通常会出现在一些影片或竞选中，嘴巴张开，露出牙齿，给人一种不太自然的感觉。这种笑虽然是想营造一种快乐的氛围，但更多表达的意思是自嘲或嘲笑他人，表现了内心的一种无奈和不随波逐流的感情。

　　第三种，斜瞄式的微笑。它通常会出现在一些年轻女孩的脸上，即低头，眼睛斜向上望，这样的笑有些害羞和俏皮，是想让周围的人喜欢她，对很多男人而言，会有种想要保护她的欲望。例如戴安娜王妃就经常会露出这样的微笑，无论男女，只要见过她的人，都会被她折服。

　　了解到以上几种微笑，我们不难发现，适时运用微笑不仅可以在对方心里留下美好印象，还能广交朋友，化解矛盾，解决问题，克服困难。在适当的时候、适当的场所，一个简单的微笑可以形成一种融洽的交往氛围，甚至可以创造奇迹。

　　航空公司在招聘空姐的时候，往往是以微笑标准为测试题目，一个不夸张不放肆的微笑，能够传递人与人之间的友好，给人亲切、舒心、温柔、大方的感觉，这种微笑服务才最合适。

　　在一家宾馆里，一位住店的客商外出办事，恰好他的一位朋友过来找他，可是因为客商没有给前台留言，导致无法让他的朋友进房等候。怠慢了朋友，客商非常生气，于是找到总台，与服务人员产生了激烈争执。公关部经理跑来想要解释，但见那位客商情绪激动，言辞激烈，所以索性一直静静地微笑，让客商尽情发泄不满。待客商平静下来，她心平气和地告诉他宾馆的相关规定，并对此表示歉意。看到经理一直态度温和，笑容温婉，道歉也非常真诚，客商在离开酒店时，特意来找经理辞行，并表示自己的言行有些过激，更赞扬经理的微笑有巨大的感染力。

俗话说"举手不打笑脸人""一笑泯恩仇"，善于利用微笑，把握笑的尺度，可以轻松地化干戈为玉帛。由此可见，我们不仅要学会怎样笑，还要知道笑的最佳时机，掌握笑的含义，唯有如此才能在生活和事业上更上一层楼。

那么，就让我们学习一下怎么才能使自己的笑容更加迷人，用微笑加分吧。

首先，笑要发自内心，不可以假装，要笑得真诚。你只要把对方想象成自己的朋友或是兄弟姐妹，或者是当心情愉快、兴奋或遇到高兴的事情时，就会自然地流露出这种笑容，这种笑是真实大方、自然亲切的，是一种情绪的自我调节，也是内心感情的自然流露。发自内心的微笑既是一个人自信、真诚、友善、愉悦的心态表露，同时又能制造明朗而富有人情味的交流气氛。

再次，学会适度有分寸地微笑。在合适的场合表露微笑是交往中最具吸引力、最有价值的交流，但这并非表示要不分场地、不分对象地随便乱笑，想怎么笑就怎么笑，不加节制。

试想一下，假如你和朋友去餐厅吃饭，你吃一口饭朋友对你笑笑，再吃一口饭，他又笑笑，这样一次两次还可以，如果次数多了，就会让人心里发毛：这个朋友是不是心理有问题？他在算计我吗？此时你没准会以最快的速度换到别的位置上去，甚至直接发问，以求真相。所以说，笑要得体适度，才能充分表达真诚和善意。

最后，笑要不夸张，有时轻轻一个微笑就可以。尤其是面对陌生人时，夸张的笑容往往容易把人吓跑。

微笑不仅能给大脑提供大量的氧气，使大脑在放松的状态下接受更多的信息，还能拉近人与人的距离。

确认过眼神，他不是那个可以糊弄你的人

《孟子·离娄上》中曾经提到，观察一个人的眼睛就能确认他的善恶，因为眼神是最难掩盖的，是非善恶都可以从眼神中流露出来。

每个人都无法控制瞳孔的变化，瞳孔的放大和收缩，能够真实地反映一个人复杂多变的内心世界。我们的眼睛直径大约有2.5厘米，在眼球后方是感光区，大约有1.37亿个感光细胞，可以同时处理150万个信息。也就是说一个不经意的眼神，眼球无意识的转动就迸发出千万个信息。

事实上，通过眼神来传情达意，是一种普遍的心理现象。喜、怒、忧、思、悲、恐、惊，都会从微妙的眼神变化中流露出来。不同的目光，反映着不同的心理，积极乐观也好，消极怠慢也罢，都能从对方的眼神中确认一二。

美国富兰克林·罗斯福小时候是个有身体缺陷的孩子，喘气粗重，胆小懦弱，说话含糊不连贯，还有龅牙，但是他没有因此自卑，他的眼睛里时常闪烁着的是令人惊异的目光，这样的眼神反映出他自信、积极、乐观的心态和坚持不懈的信念，这样的精神和状态终于使他成为美国一位深得人心的总统。

眼神到底还能流露出哪种内心世界呢？让我们来确认一下吧。

当一个人感到高兴、喜爱、兴奋和生气、讨厌、愤懑时瞳孔会相应地放大和缩小；发现被别人注视却将视线突然移开的人，说明他比较自卑，不敢与人正面接触；当一个人无法将视线集中在对方身上，并很快收回视线的人，多半属于内向性格，不善交际。

如果你发现你与之谈话的人目光游离，涣散不集中，则表示他对来者和话题不感兴趣，此时应该适可而止；如果在你讲话时，对方的视线一直集中在你的眼部和面部，说明他在真诚地倾听，对你充满尊重和理解；如果在谈话时对方只注意自己手中的活，并不注视你的眼神，则是怠慢、冷淡、心不在焉等情绪的流露。

除了眼神，我们还可以通过对方眼部的其他小动作，探测到他内心的世界。

对方仰视你，意味着对你充满尊敬和信任；当对方俯视你，则是刻意维持自己的尊严。如果对方面带微笑地注视你，说明你们的谈话很和谐，他很放松；而假如对方皱着眉头看着你，则意味着对你的担忧或同情。

一般来说，不加在意的斜视是一种鄙视的意味；听完谈话后突然一笑，是一种讥讽；怒目相视是一种警告或制止；而从上到下巡察一番的目光，则说明对方在审视。

细心的你也许会发现，在人际交往中，有些人喜欢戴太阳镜，即使在室内或阴影下，也不将眼镜摘下，其实这是因为对方不愿让别人从他的眼睛中发现他的秘密。彼此心存好感的两个人说话，会注视对方的眼睛以示寓意通达；话不投机的人相遇，则一般会尽量避免注视对方目光，以消除内心的不快。

有关人员曾经邀请专业纸牌游戏玩家参与了一种瞳孔测试，测试过程显示，只要这些专业玩家的对手们戴上墨镜，那么他们获胜的概率就会大大降低。

比如，在打扑克时，如果某个对手一下子抓住了四个 A，他很可能会不自觉地迅速扩张瞳孔。有经验的玩家能够敏锐地观察到这种变化，于是在这一轮便不会下很大的赌注。可是一旦戴上墨镜，瞳孔就不会再泄漏任何信息，所以，即使是纸牌游戏专家也难免会比平时赢得少了。

知道了眼神所传达的含义，我们就要学会怎么样去适时地运用。

首先，要知道眼神可以反映心理，这是每个人在社交中几乎都应该应用到的常识。因此如果你想给对方留下深刻的印象，就要注意在跟对方谈话时，一定注视他从额心到肩部的大三角区。人们通常把从额心到双眼之间的部位看成是"政要空间"，在谈论严肃话题时比较适合注视这个区域；如果是朋友之间谈论轻松随意的话题，则可以是从两眼到嘴的倒三角区，也就是我们通常所说的"友好空间"。

其次，在和别人交谈的过程中，如果相互之间目光相交的时间很长，一般意味着两种可能：第一种是，他觉得你十分友好且有魅力，这样的话他的瞳孔会扩张；第二种是，他对你怀有敌意，或是传递挑衅不在乎的信号，这种情况下，他的瞳孔会收缩。

最后，在社交场合，想要显得友善自信，庄重高雅，有绅士风度或淑女气质，首先要面带微笑地正视对方，千万不要斜视，且最忌眼神游离，因为这是不诚实的表现。假如你想表现自己礼貌有修养，应该用百分之六十到七十的时间注视对方，举例说，比如你们的谈话有十分钟，那就要用六分钟的时间注视对方，同时需注意，如果用十分钟都去注视会显得亲切暧昧。

一个人的眼神所传达出来的信息是毋庸置疑的，尤其在与陌生人接触的时候，亲和友善的目光不仅会拉近两个人的距离，还会让人记忆深刻。为了让自己在社交中更加如鱼得水，请从修炼自己的眼睛开始吧！

🌿眉毛一挑，就挑出潜藏的心理信号

《红楼梦》中的王熙凤是个心思玲珑、善于察言观色的典型人物，我们不必非要如她那样左右逢源，但是掌握一些基本的技巧和应对方法还是有必要的。

野史有云，西汉时期，宫廷画师毛延寿为汉元帝选妃，领旨后遍行天下，选取姿色相当的美女。路过成都秭归县，他见到王昭君生得光彩照人，婀娜多姿，称天下无一，便向其索要百两黄金，选为宫中第一，但王昭君自幼家贫，无力支付，又念自己本就天生丽质，遂没有在意。毛延寿"眉头一纵"便计上心来，在美人图上略施破绽，王昭君命运便发生了转折，到达京城后长期得不到皇帝临幸。后匈奴呼韩邪单于前来大汉求亲，元帝多少有些敷衍，就选了画像最难看的王昭君，这样才有了昭君出塞的故事。

毛延寿仅仅一个"眉目闪烁"的简单动作便改变了一代美女的一生命运，可见眉毛有时也具备"翻云覆雨"的本事。

其实很多时候，人们爱用挑眉或是皱眉来传达出好或不好的情绪和心理，所以眉毛能够传达的信息也非常丰富。想要了解一个人的心境，除了观察他的眼睛，也可以同时观察

他的眉毛，正所谓"眉目"可传情也。

美国社会心理学家琳·克拉森被人们称为"读脸专家"，他认为眉毛很能表露一个人的心理。

假如你看到一个眉毛收紧、眼角下拉的人，那么完全可以判断出这个人此时心情一定很难过；当你遇到一个冲动热情，每当说话的时候总是眉飞色舞，似乎和谁都特别亲热的人时，可得当心了，这种人一定善于交际，却有话藏不住，千万不能把自己的秘密说给这样的人听，否则一定后患无穷。

假如一个人平时总是把眼睛下面的面颊往上挤，眉梢下沉，做出皱眉的表情，那么无非有两种可能：一是纯粹的保护眼睛，害怕外来的侵袭会伤害到眼睛，比如突然遭到外界攻击或遇到强光时下意识的皱眉，这是出于防御性反应；二是由此引申出的另一种可能性，那就是自身的自卫反应，也可以表示为这个人内心忧虑，惶惶不安。

我们常会见到一些人在惊讶或表示尴尬的时候，眉毛扬起停留片刻后再下降的动作，这种就被称为耸眉。其实耸眉表示的是一种不愉快而又无可奈何的情绪，当你和对方沟通的时候，如果对方在谈到关键处经常做这样的动作，那你可要注意自己的态度了，因为此时他很有可能是对你的某种行为表示不满。

除了以上几种内涵之外，眉毛还有几种更为细微的小动作能够透露出相应的信息，比如有一些人在内心忧郁或身体极度不适时，眉毛会上扬趋于靠近，也就是我们常说的眉毛打结。我们还会看到某些人两条眉毛中的一条向下低垂，而另一条向上仰起，这样看起来就好像一个问号似的，这种被称为眉毛斜挑的动作，反映的是一种怀疑的心理。

还有一种是全世界人类都通用的表示友善行为的眉毛动作，即眉毛先上扬然后瞬间下降，同时伴有仰头和微笑，这种眉毛闪动的样子，说明他当时心情非常愉快，内心赞同并表示亲近。

归结起来，眉毛的动作虽然微小，同样是表达一个人内心欢愉哀乐嫉恨的重要方式。在社交场合中，你只需多注意这些微小的细节，总能发觉对方内心潜在的变化，据此及时调整自己的言谈举止，能够让对方产生好感，进而顺利达到沟通的目的。

Chapter 9

读懂别人的肢体语言，窥探他的内心世界

❀握手，不是简单地把手伸出去

大多社交场合中，人们往往都会在初次见面和离别时用握手来表达情意。握手最早发生在石器时代，当时的人们以狩猎和采集野果为生，因此手里时常拿着石块或是棍棒，如果在狩猎的过程中遇到陌生人，就要放下手中的工具，并伸出手掌，表明大家并无恶意，然后让对方抚摸自己的手掌，以表示没有隐藏任何东西。这种有趣的习惯，经年累月地流传下来，就逐渐演变成现在的一种必不可少的礼节。

但是，握手又不仅仅是礼仪，从一个人的握手方式和力度中，我们也能窥得他的性格和情绪，甚至可以掌握事件发展的基本方向。

因此，我们可以通过握手传达出的信息，去了解一个人的性格和当时的内心情绪，确定双方关系的发展成败。让我

们一起来分析一下握手所隐藏的秘密吧！

第一，与人握手时，如果明显感觉对方力量偏大，说明此人比较自负，渴望征服，属于对抗意识比较大的人；如果感觉对方握手握得很紧，而时间短，就好像蜻蜓点水一般，那么此人态度友善，善于周旋，但又比较多疑，不太信任他人；如果对方握手的力度相对很轻，则表明对方性格软弱，或伤心难过，不太适合深谈。

第二，同时握住你两只手的人，是在传递温暖、体贴、同情等感情，这种人热情真挚，诚实可靠，容易信赖别人；如果对方一直握着你的手很长时间不收回，是表示感情更深，想做更深入的了解。因此谈判时你必须注意，如果对方不收回手，你千万不要首先收手，这样的话就会丧失支配权，胜算不大。

第三，握手的时候，如果对方使用一只手握手，另一只拍你的肩膀或胳膊，那么很有可能是在表达对你的器重，或代表他对名誉和地位的欲望很强烈。

第四，握手时上下摇动的人一般是社交家，喜欢结识朋友，性格乐观热情，愿意帮助别人。和这样的人交朋友，你可以放心地把事情交给他，不用担心出现意外；但是倘若一旦反目，后果也相当可怕。

第五，当你主动伸出手去而对方在犹豫后才慢慢伸出来，说明他的性格优柔寡断，不善言辞。如果你感觉开始握手时

如果对方使用一只手握手，另一只拍你的肩膀或胳膊，那么很有可能是在表达对你的器重，或代表他对名誉和地位的欲望很强烈。

对方手心干燥，中途突然冒汗，则说明他容易感动，高度紧张，害怕生人，或是因为说谎而内心不安。

认识到以上几点，相信在和别人交往的时候，你已经能够从对方握手的方式中掌握他大致的性格轮廓，并找到应对技巧。当然，除了以上这些，还有一些细节你同样需要注意。

一般女性与男性握手时，为表示矜持和稳重，通常只会伸出几个手指或手指尖部，不过这种方式比较令人反感，经常被认为有轻视和不尊重自己的感觉。假如是和同性别的人这样握手，会显得十分冷淡和生疏。

还有一种是掌心向上或向下的握手方式。掌心向上的人多数性格软弱，处世谦和，平易近人，或表达自己对对方的尊重和敬仰；而掌心向下的人，则是想告诉对方自己的优势，这样的人一般说话直爽利落，办事果断，有自信，一旦决定了的事就不容易改变。

前文我们提到，握手从出现时就是社交场合中必要的行为方式，而如今它已经完全成为一种礼仪。握手，动作幅度不大，但不仅可以化解矛盾、解决困难，还能够成为朋友之间传递信息的绝佳方式，因此，想认识更多和自己情投意合的朋友，想在社会交往中游刃有余，你都应该学会握手。

对方手上动一动，他的心思你掌控

每个人都有一双独特的手，不仅可以写字绘画，还能制造工具。从相学上分析，手上纹路可以表明过去预示未来，而从社交学上分析，手部一个小动作则同样能反映出一个人的心理、思想和观点。

所以，看懂对方的手部动作，可以帮助你间接地窥探他的性格和心理，反过来我们也可以据此控制自己的手部动作，或者不让人看懂我们的心理，或者让他们看懂，并给他们留下我们想展示给他们的印象。

文学作品和影视剧，对人物手部动作的描写和特写，可以表明人物的心理活动或人物性格，从而帮助我们深刻理解人物和故事走向。八七版《红楼梦》中，薛宝琴入住大观园。宝琴天真淳朴的性格深得贾母喜欢。因当时"金玉良缘"的说法不胫而走，而贾母对宝钗嫁进贾府一事并不赞同，于是借由宝琴定亲一事，说起为宝玉相亲的标准。贾母说容貌和家世她并不看重，性格却是顶要紧的。此时，摄影机给了林黛玉一个手上动作的特写：林黛玉双手不断绞着手绢。从这里我们可以看出，黛玉非常在意贾母说的这段话，且因为认为自己不合标准，而心生难过。

由此可见，了解基本的手部动作是十分必要的。在社会交往中，懂得对方的手部动作不但可以明确对方的内心活动和性格特点，还能不着痕迹地隐藏自己，保护自己。那么如何从手部动作了解一个人呢？现在给大家提供几种社交中多数人小动作所代表的含义。

第一种，双手紧紧相握，这也是最常见的一种。这种动作通常会出现在人们焦虑不安、精神紧张时，比如医院里病人家属在等待手术的过程中，或某人在诉说痛苦经历时，往往会做出握紧双手的动作，这意味着此人缺乏安全感，防御意识较强，性格温顺，善解人意，而又富有同情心。

第二种，两个手指尖相互接触，形成一个尖塔形手势，很多时候是表示自信，同时显示自身优势和心理权威，这种动作常见于领导对下属、长辈对晚辈。做出这个动作的人一般对自己的话很有信心，而且性格独断或高傲。

第三种，把手合在一起，十指交叉放于胸前或桌子上。有时可能表明这种人内心平和或兴味十足，打算与人长谈。也有很多人认为做出这种动作的人自满高傲，其实未必，心理学家尼伦伯格和卡莱罗告诉我们："这是一种表示心理不安的动作，代表他想隐藏自己的感觉，掩饰内心的消极态度。"假如此时他忽然把手松开，头部前倾，表示他想发表意见，或是对你们的谈话毫无兴趣，准备离开，你一定要见机行事。

第四种，说话时双手平摊，给人诚实可靠不欺骗的感觉。不管这一举动是有意识还是无意识，它都能传递出对方在说真话的信息。这也是判断一个人是否诚实可信的最有效又最直观的方法。当双方谈话时，一方摊开手掌，不仅不易说谎，还能有效地抵制对方说谎，鼓励对方坦诚相待。

第五种，当对方两手相扭，十指交叉时，他一般会神情焦急，说明他内心无助，有一种手无处可放、有力无处使的感觉，表明他想到空有一身力气却无法派上用场，内心焦躁不安，想找出发挥力量的空间。他的手会不停变换动作，或者不住走来走去，这说明这种人性子往往比较急躁，遇到困难和麻烦，不能冷静下来思考解决的办法。

第六种，喜欢在谈话时，拉扯头发或拨弄嘴唇咬指甲。这类人大多个性鲜明，疾恶如仇，或是内心不安。做出这种动作的人一般喜欢思考，认真细致，但是性格极其幼稚，对家庭缺乏责任感。所以当一个人做出这样的动作时，说明他或者是想克服内心的不安以求得到安定，或是对事情的结局不在乎，只求问心无愧。

还有一种是双手放在口袋里，拇指露在外面，这样的人多数很自信，内心孤傲，时常表现出怡然自得的神态，这样的人或财力雄厚或地位优越。

日常生活中或是社会交往中，手部的小动作经常会引起别人的注意，虽然有时细微到不易觉察，却能让人对他的心理活动有所了解。如果你能看透对方的手部动作，那么很可能会迅速找到适合与之谈话的契机。

坐姿，藏着一个人的气质

两位刚刚毕业的女大学生张欣和刘颖一起参加招聘会。从她们的简历上看，每个人都品学兼优，能力很强，其中的张欣家境优渥，毕业于某名牌大学，奖状颇丰。面试官查看了两人的基本情况以后，示意她们坐下，问了几个问题，听取了她们各自对工作的想法。最后，看起来相对没有那么优秀的刘颖反而被录取，张欣却被淘汰。原来面试官就是基于她们的坐姿做出了选择。当时的张欣，身体斜靠在椅子上，跷起二郎腿，姿态随意；而刘颖双膝并拢，双手自然放在膝盖上，面露微笑，姿态从容优雅。面试官给出的解释很尖锐：一个连坐姿都不认真的人怎么能干好工作呢？

由此可见，正确的坐姿不仅对身体有益，更是自我魅力的体现，它不仅可以展示形体美，更能展现出一个人良好的品格和优雅的气质。

那么不同的坐姿究竟代表着哪些不同的心理状态呢？

一些人坐着的时候喜欢腿和脚并拢，双臂交叉放在大腿两侧，这种人通常比较固执，不喜欢接受批评，即使别人观点正确，他们依然不肯放下架子。他们会比较挑剔，尤其是在爱情和婚姻方面追求完美。对一些短会或无聊的谈话，他们会显得极度厌烦，缺乏耐心。

有的人喜欢将双腿和脚紧紧并拢，双手放在膝盖上，上身与腿部保持90度，坐得端端正正。这种人一般性格内向，谦虚谨慎，喜欢替别人着想。他们容易得到尊重，因此周围总不乏知心朋友。只是他们的情感世界比较封闭，不太擅长与异性交往。

一般在谈话时将一条腿搭在另一条腿上，跷起"二郎腿"，双手放在大腿两侧，臀部完全坐入椅子内，抬头挺胸的人往往对自己充满信心，或者对做的事成竹在胸，心理上自觉占据优势。这种人协调能力很好，大都天资聪颖，总是在工作中充当领导的角色，总是想尽一切办法实现梦想。不过因为太自信，他们往往会见异思迁，做事虎头蛇尾。

通常半躺半坐，姿势悠闲随和、怡然自得的人性情温和，有朝气，有毅力，工作得心应手，生活上朝气蓬勃，不会因为小麻烦而影响心情。这类人大都随性而发，性格积极热情，时常不得不承受理财不慎而造成的困扰，不过总的来说还是比较快乐的。

除此之外，还有一些人喜欢坐着时双腿分开，脚跟并拢，双手放在肚脐部位。这种坐姿多数体现在坚强果敢的男性身上，他们一旦决定了某事就会马上采取行动。感情方面也很果敢，一旦遇到有好感的人，会立刻积极主动说明自己的心意。他们通常是大男子主义，占有欲非常强烈，而且喜欢干涉别人。

综合不同坐姿体现的性格和情绪，为避免因不端正的坐姿而给人留下不好的印象，我们最好掌握正确的坐姿，锻炼自己无论何时何地都坐有坐相。

首先，在正式场合入座时，动作要轻柔，避免发出太大声响；入座后，双腿微开，双手自然放在桌子上，以保证椅子平稳，不会影响到周围人；离座时，可以用语言或动作示意身边人先行离座；起身不可鲁莽，最好轻缓起身，不会惊扰到旁人。

其次，对女性来说，坐下时双腿叉开很大是不雅的动作，尤其穿着裙装的时候，很容易走光，所以一定要注意；还要注意不要因为身体的放松而跷起二郎腿，因为这样容易给人造成不端庄的印象。我们建议最好双腿并拢或双脚呈一条直线，不留任何空隙。还有双腿向前直伸，甚至超过桌子的做法也很不恰当，因为这样有可能会影响别人，一般应尽量使双腿不超越桌子的垂直范围。坐着的时候不要不停地抖动或摇晃双腿，这样做往往代表着不稳重。

小坐姿，大学问，了解对方坐姿里隐藏的小秘密，可以发现别人的人品或性情爱好，同时学会正确的坐姿，让自己成为举止得体有分寸的人。

行走，是心灵在路上

有一种现象你一定知道：你家的狗，不用听见声音看见人，它就能知道往你家方向走的人是熟人还是陌生人，是家人还是外人。人的脚步虽然会因为脚下材质不同或者人们心情的不同而有所差异，但是每个人走路的姿态轻重都是不一样的。有的人一步三摇，姿态优美；有的人健步如飞，步伐沉稳；有的人八字外露，豪迈粗犷。

说到底，走路也是一个人心灵的展现，他的性格影响了日常走路的样子，他的情绪也能表现在他走路的姿态上。

刘姥姥作为《红楼梦》中见证贾府兴衰荣辱全程的特殊存在，曹雪芹不吝笔墨，对她进行了很多外貌和动作描写。她初入贾府之前，带着板儿找到荣府大门前，不敢过去。她掸了掸衣服，又教了板儿几句话，然后蹭到角门前。后来又写她去询问看门人时，是"只得蹭上前来问道"。曹公不说走，不说踱，不说跑，而说"蹭"，且连用两次，非常符合她的身份——她出身贫农，虽有些见识，到底穷酸，不曾见过这样堂皇威武的门面；也符合她性格中的一部分——小心谨慎，虽然露怯，却能为了达到目的放下尊严和脸面；符合她当时的心情——她有求于人，穿着寒酸，担心此行不能如愿，所以她要时刻尽着小心。

一个人走路的样子能够反映他的性格特点，我们甚至还

167

能通过他在面对旁人时走路的样子，看出旁人的性格特点和情况。

还是以刘姥姥初入荣国府为例。刘姥姥见过平儿和周瑞家的之后，等待王熙凤。曹公描述自鸣钟响了几下，小丫头们齐乱跑的场景。"齐乱跑"一语，使王熙凤在府里的威严和震慑形象跃然纸上。

可见，无论何时何地，如果我们想了解一个人，除了眼神、语言、坐姿等，我们的确可以通过他的走路姿势甚至他身边人面对他时的走路姿势，来判断他的性格、身份和影响力，从而采取相应的适合的行动，来达到自己的目的。

现在，我们了解一下日常生活中经常看到的走路姿势所代表的性格特征。

第一，走路步伐较大、快速前进的人，一般身体健康，精力充沛，内心自信，个性明快，争强好胜，遇到事情会主动承担责任，富有挑战性。

第二，步伐快且步子小的人，做事不会瞻前顾后，不论是在工作中还是生活中，都不会做出为利益而出卖他人的事，性情坦诚不虚伪，喜欢交谈，只是脾气有些急躁。

第三，步伐整齐双手有节奏摆动的人，类似于军人，有很强的意志力和组织力，有领导型气质。一般他们做事武断独裁，有自己的信念和理想，而且愿意不惜任何代价完成目标。他们对工作和生活的要求比较高，但这种太严谨的作风

　　步伐快且步子小的人，这类人做事不会瞻前顾后，不论是在工作还是生活中，都不会做出为利益而出卖他人在事，性情坦诚不虚伪，喜欢交谈，只是脾气 有些急躁。

难以给人轻松愉快的感觉。

　　第四，步伐节奏不一，没有规律，有时将双手插进口袋的人，往往对他人大方，不拘小节，有很强的事业心。这种人有时候难免有点儿多愁善感，但是他洒脱的外表和偶尔的忧郁气质会吸引不少异性的关注。

　　第五，走路时铿锵有声、抬头挺胸、行动快捷的人，通常非常稳重，胸怀大志，有很强的判断力和分析能力，在面对困难时，能时刻保持头脑的清醒，有领导决策力。但这类人为保持尊严，一般不苟言笑。

　　第六，走路时步伐偏小、身体前倾，似乎有些驼背的人，一般比较深沉内向，为人谦和有礼，对待朋友不花言巧语。虽然平时不苟言笑，但是非常珍惜朋友之间的感情，偶尔独自生闷气，却不愿向他人倾诉。

　　此外，有些人走路缓慢，似在思考问题一般，其人性格软弱，做事谨慎。如果走路迟缓，喜欢左右观望，这类人往往胸无大志，效率低下，喜欢贪图便宜；还有一些人走路比较轻佻，似在漂浮，这类人大多狡猾，喜欢耍小聪明，善于伪装自己的感情。

　　走路是每个人每天都必须要做的事，但你千万不要小瞧这个像吃饭喝水一样平常的事情，它里面隐藏着一个人心灵上的奥秘。如果你能仔细观察，揣测领悟行走姿势或方式透露出的信息，就也能在一定程度上了解到对方的性格特点，甚至看到对方的心灵深处，进而获得你想要的更深人的信息。

腿部姿势，正在出卖个人情绪

从人类进化学上分析，腿部的动作主要有两种目的：一是帮助人行走，获取食物；二是帮助人逃跑，躲避危险。不管怎样，这两种行为都是由大脑支配和管理的，所以人们的腿部动作直接反映了内心的动态。正如其他肢体动作一样，腿部姿势也能帮我们更好地了解和判断一个人的内心活动，参透他的"小心思"，有时甚至还能在不动声色中起到潜移默化的作用。

王亮应邀参加朋友宴会，心情兴奋，出门时还特意打扮了一下，然而到达宴会现场，他发现周围人的穿着都时尚个性，光彩照人，只有自己西装领带，反倒显得毫无生气。他顿时觉得自己被孤立了，于是在一群人旁边坐下，习惯性地交叉双腿，一只手扯着领带，另一只手轻轻地端着酒杯，注视着与自己格格不入的宴会场面。

半小时后，他发现周围的一位女郎也交叉双腿，神情沉默，后来周围人居然都开始做出这样的动作，刚才活跃的气氛也开始淡下来。他只好起身离开，不久后宴会又开始热闹起来。

很多人不明白，为什么王亮的出现竟引起这么大的反应，其实这都是他腿部姿势带来的效应。人们常说"喜怒不形于色"，高兴不高兴的时候，表面上很多人都能假装成若无其事的样子，但腿部所发出的信息却无法掩盖，因为这是最容易被人忽略的动作。

即便对方呈现镇定无畏的神态，可如果他的双腿一直摇晃或双脚不住摩擦，那就说明他的神态是伪装的，内心惶恐想要逃离。因此如何判断一个人的内心活动，一定要同时注意观察他的腿部动作。

一般来说，最为常见的腿部姿势有以下几种。

第一种，双腿交叉。我们常常发现，在参加会议时，不管站着或坐着，女性更偏爱双腿并立，而男性多数是交叉姿势，这些姿势都意味着对所提问题保持中立，传达出一种不置可否的态度，给人严肃、认真、坚定的感觉。

如果你认真观察就会发现，双腿交叉的人会与其他人保持较远的距离，从穿着上看，这样的人比较保守，纽扣通常都是扣好的，这说明他与周围的人不熟悉，有种抵御和自我保护的意思。他们传达出的信息有两个：一是会继续留在原地倾听；二是对周围人充满戒备，不希望陌生人接触。

研究表明，这种双腿交叉的人往往缺乏自信，沉默寡言，具有消极防御的意识，极度缺乏安全感，跟这样的人在一起，通常会被其同化，也做出这种动作。

第二种，双腿叉开，这是与交叉相对的动作，这种动作轻松自然，手指放开，双臂舒展，双腿自然打开，给人轻松活跃的气氛。我们仔细观察就会发现，这类人通常比较自信，朋友很多，人脉很广。他们往往穿着随意，有种唯我独尊的感觉。叉开双腿也同样传达出两种信息：一是对方所说完全符合自己的心意，兴味十足；二是对对方的话完全不感兴趣，体现出一种玩味、放荡不羁的表情。

有时我们在聚会中会发现，一些人因为对周围人不熟悉，刚开始双腿交叉，一段时间后，当交谈比较愉快，建立起和谐融洽的氛围后，他们的双腿动作会不自主地发生变化，慢慢由交叉变成站立，形成立正的姿势，手臂伸出，手指自然舒展，显示出乐于接受对方的态度。

除了以上两种之外，还有一种方式是双方交谈时，把一只脚的脚踝放在另一只腿的膝盖上，形成"4"字形。这样的坐姿是辩论时或争强好胜时的态度，显示出自信和放松的意思，但在某些地区，这样的坐姿则显示出对别人的侮辱，因为这样的姿势，是施动者将鞋底展示给众人。

其实很多人在做出重大决定时，都喜欢做出这样的"4字腿"，但你一定注意千万不要在这时发表自己的看法，也不要立刻要求对方做出决定，因为这很有可能会让你碰壁。

此外还有一种姿势，就是伸出脚尖，身体重心集中在一侧，这样的姿势好像在准备起步。假如在聚会中有人做出这样的动作，那么他伸出的脚通常会指向最吸引他的那边。

　　想了解对方是否同意你的观点，或他心里究竟在想些什么，除了眼睛、眉毛、手脚的动作，也一定要注意观察他的腿部动作。如果你想说服对方同意你的观点，可以先试着改变自己的动作方式，然后再对他进行劝说，虽然这样的动作不易觉察，却往往能在不知不觉中影响他人的言行，并最终使你如愿。

Chapter 10

读懂别人的言谈，在话锋中占取优势

招呼就是招牌

　　与别人主动打招呼、问好通常是人们表示友好的方式之一，这是最简单、直接的礼节，是交往过程中普遍实施的行为。同样，打招呼的方式也能透露出一个人的性格特点。在日常生活中，看透打招呼的意义，学会正确运用，不仅可以获得意外惊喜，还能结交志同道合之士。

　　三顾茅庐是《三国演义》中的经典故事之一，电视剧《新三国演义》将这个故事演绎得相当出色，其中就通过刘关张三兄弟拜访诸葛亮时，三个人以及诸葛亮不同的打招呼方式，淋漓尽致地体现了四个人不同的性格特征。

　　刘关张三兄弟前两次拜见诸葛亮未果，但依然不放弃，第三次登门拜访时，恰逢诸葛亮正在酣睡，刘关张三人在外苦苦等待，耐不住性子的张飞一把火烧了诸葛亮的茅庐，诸葛亮方从床榻上起身。

刘备第一次见到诸葛亮，躬身作揖招呼道："新野刘备，拜见卧龙先生。"

诸葛亮来到刘备跟前说："惭愧惭愧，将军两次前来都未曾如面，今日前来又未曾远迎，恕罪恕罪！"

此时，张飞一声大吼"呔"，晃着膀子从门外进来，气愤地说："诸葛亮你听着，我哥哥那是何等人物，三番两次来看你，你却到处游玩不归，今日总算是回来了，啊，又跟死猪一般地睡……"

刘备听后，气得让张飞给诸葛亮跪下。诸葛亮面带微笑说道："将军不必责怪他，你是张翼德吧？果然赤胆忠心……"

说完，转而对张飞身边一直未说话的关羽说："这位便是挂印封金，过五关斩六将的关云长了。" 关羽见状赶忙鞠躬作揖道出两个字："不敢！"

从这段打招呼式的对话中，我们可以看出，刘备虽贵为"皇叔"，但为人谦和，宽以待人，这种人很善于笼络人心，在事业上易成大事。

张飞则透露出性格鲁莽又十分讲义气的一面，说话直爽，同时也表明他脾气暴躁，对下不宽容，由此可以预见他今后的结局。

关羽话少，打招呼时也要等他人先开口，说明他性格沉稳，一个简明直接的"不敢"更表明他为人谦虚，是个忠义之人。

诸葛亮呢，说的话层次分明，思维缜密，跟每个人都不失礼节地一一打招呼，而且措辞文雅，说明他很注重礼节，又做事谨慎，是个有文化有涵养的人。

《三国演义》之所以成为文学名著，不仅因为故事情节构造出色，文笔绝佳，还有一点就是在以各种方式诠释人物的鲜明性格时入木三分。三顾茅庐总是被人津津乐道，可见作者花费的心思。

仔细观察以下打招呼的方式，你就可以大致了解相对应的性格特点。

第一种，打招呼时，一边点头，一边注视着对方的眼睛。这类人大多处于优势地位，或具有企图超越你的心理欲望。他们一般都有戒备心理，不喜欢被别人接近，时常猜测对方的想法。想要和这类人接触，千万不要暴露自己的缺点，否则会使你处于不利地位，应该在完全取得他的信任后再主动接近，以表诚意。

第二种，打招呼时，故意后退几步，保持彼此之间的距离。这类人多数比较自负，怀有警戒心理。他们这样做的目的是为了引起别人的注意，显示自己的优越性。一般上级对下级打招呼时，会出现这种动作。这是一种冷漠的表现，容易让人产生顾虑，难以使双方畅所欲言。遇到这样的人，要注意小心说话。同时自己也要注意在与别人打招呼时，切不可出现这样的动作，否则会令人反感，除非你不在乎对方对你的看法。

第三种，打招呼时，低头或斜视，不注视对方的眼睛。这类人有强烈的自卑感，害怕别人知道自己的缺点，害怕见到陌生人，有很强的自我保护意识。遇到这类人时，不要主观臆想、猜测别人是否对自己怀有成见，要以平常心去对待。如果自己是这样的性格，可以尝试一点点改变，先要自信，别胡思乱想，鼓起勇气正视对方。

第四种，打招呼很随便，即使是第一次见面，对方也显得和你很熟的样子。这类人表面上很热情，其实内心寂寞，渴望得到别人的关注和关心。在与这样的人交往时，尤其对方是男性时，一定要小心，没准他就是个游手好闲的人，不可沉迷于他的花言巧语，让他有机可乘。

第五种，经常见面，却一如既往如初识般打招呼。这类人的心里并没有拿对方当朋友，只是点头之交，或者是自我防御意识比较高，表里不一。在与后者这种人接触时，一定要提防自己被出卖的可能。

既然我们知道打招呼可以泄露一个人的性格特点，那么我们自己也要格外注意与别人打招呼的方式。倘若是亲近的人，不必虚伪，该怎样就怎样，如果是工作中合作的人或是对手，或是需要与对方建立特殊关系的人，就要下点儿心思。

那么如何与别人打招呼，才能给对方留下不一样的印象呢？

首先，打招呼要得体，要热情大方不谄媚，知礼有度不清高。一般在工作中，通常的"你好""再见""早安""Hello"就可以。若要显得正式而尊敬，可以在前面加上称呼；若要显得亲切一些，可以面带微笑说"嗨，早啊""这么早来啦""去哪里呀"等等。但是随着社会的发展，招呼用语越来越丰富，与人打招呼时，重要的不是你说什么，而是你当时的态度。

其次，打招呼要适度，不论在任何环境下，打招呼的方式都应合情合理，不卑不亢。一些生活场合见到亲近的人，可以随意问候，轻松交谈；在工作社交中，就要选用较正式的方式和招呼用语。适当的环境采用正确的招呼用语，才能让别人感受到你的尊重，愿意和你交谈。

最后，打招呼要主动，这是联络感情的手段，也是增进友谊的桥梁。主动与别人打招呼，是展示自己的礼貌，表示内心对别人的尊敬。比如，在单位见到领导和上司，主动打招呼可以显示你的热情和敬意，同样也能引起领导注意，给他们留下更深更好的印象；见到同事主动打招呼，给人自信亲切的印象，会使你在单位或公司里攒下好人缘。

因此，一定不要小看了打招呼的魅力，短短的几分钟，甚至几秒钟，人们就会接受并释放足够多的信息，使你洞察别人内心，准确地做出判断，给出适宜的反应。

🌼 闲谈不烦，才能久处不厌

闲谈是愉悦身心的一种方法，只要客观条件和环境允许，闲谈可以随时随地，内容、方式任君选择。因为闲谈的自由性，它常常是缓解压力、拉近关系、增进感情的有效途径，所以了解一个人性格、喜好的最佳方式，也是闲谈。

谈话的内容和讨论问题的深度，可以透露一个人的是非价值观和兴趣爱好，说话的方式，又能在一定程度上反映他的性格和心理。所以闲谈，成为人们获取对方信息的重要途径。

有一位医德高尚的医生，他的诊所总是门庭若市，他从来没有因为工作辛苦繁重而不耐烦和怨天尤人，也从来没有出现过对病人因身份而奉承或鄙夷的情况。他还愿意投入很多时间和精力跟病人闲聊，但他绝不是八卦，而是从侧面掌握病人的真实客观的发病情况，从而周全考虑，对症下药，更能在闲聊中缓解病人的压力和紧张，使病人能够积极配合治疗。人们都非常敬重他。

有一天，他在下班之前接诊了一位老年人。老人家自称胃不舒服，但是医生为他把脉却认定患者心脏有问题。他跟老人家闲聊时发现，老人经常出现呼吸困难的情况，他再把脉就发现老人心跳不稳。他建议患者住院。患者却说自己是老毛病，而且担心医疗费用昂贵，坚持不肯住院治疗。

医生不肯放弃，本着对病人负责的态度，苦口婆心地劝说老人。老人终于同意了，待检查结果出来一看，果然验证了医生的判断：大面积心梗。

虽然我们普通人并不需要依靠闲聊去判断别人有没有病，但是我们想深刻了解一个人却可以从闲谈入手，对话题、内容和方式稍作部署，观察他在这个过程当中的所有表现，综合分析之后，我们就能得到我们想要了解的信息。

在闲谈中经常聊到实事新闻和城乡巨变的人多有领导风范，他们胸怀博大，喜欢关注民生，性格积极乐观，见闻较广，对事情通常有自己的见解。

经常谈到人文风景、养生保健的人多少有点文艺情怀，追求自由洒脱的生活，一般属于事业有成型，或对生活无所求。他们性格和善坦然，不喜欢斤斤计较。

喜欢谈论生活琐碎、抱怨不满的人一般境况不济，他们通常对生活抱有消极的态度，内心狭隘，喜欢窥探别人隐私，虽然给人热情、亲和的感觉，但谈论的内容往往容易让人产生恐惧和厌烦感。

毕业于英国伦敦大学 MBA 的罗西，顺利在某银行找到一份经理助理的工作，没想到三个月后，她被开除了。她辛辛苦苦找到新工作，试用期过后又再次被辞退。这种频繁换工作的经历几乎成了她生活的一部分，最后她不得不去食品公司做文员，却还是没能保住这份工作。罗西百思不得其解，明明自己很努力，却连番被解雇。

无奈之下，罗西请教了一位曾与她交往密切的同事，同事告诉她："你之所以会频频失业，原因只有一个，你太喜欢在闲谈中窥探别人的隐私了，甚至在这上边花费的时间远远超出了你对工作和未来的关心。你想想哪个上司会喜欢这样的员工呢？"

看，闲谈不注意分寸，会给自己带来多大不便！

某些人之所以能一见如故，很多时候都是因为价值观相同，对很多事情的见解都能达到一致。所以只有在闲谈中互不厌烦，才有继续交往和深交的可能性。我们常说"话不投机半句多"，两个人都没什么可聊的，即使其中一个人想拉近关系，另外一个人却心不在焉，兴趣寥寥，回答问题点头yes摇头no的，前者即使有再大的热情，也架不住自尊心受伤继续闲扯，不然岂不是很尴尬？

两个人或几个人之间因为有的聊，且都有兴致，才能兴趣相投；兴趣相投，才能结成友谊，或者才能相爱相知，缔结婚姻。一旦所说内容不在一个频道，双方失去闲谈兴味，再好的感情也会因为天长日久的失语而最终相看两厌。

闲谈不烦，才能久处不厌。

工作中，如果你想接近某个人或因为一些原因不得不和某些人有较为频繁深入的接触，为了获取你想获得的信息，或是拉近关系，不妨事先侧面打听一下他的行踪和爱好，近距离观察他一段时间，然后在正式相识之后，就可以根据他的爱好来讨论一些话题，了解他对某些事情的看法，那么他的价值观也就能够窥得一二了。

语速，输出的是思维

在所有社会交往中，人与人之间最基本的交流方式就是语言交谈，一个人的性格和内心世界不仅可以从面部表情上看出端倪，还可以从说话语气、方式中得到信息。听一个人说话可以大致了解他的心理活动，他说话语速的快慢也能够展现他的思维方式，从而表露真实性格。

有一次，某大型商场贴出招聘启事，准备招聘一名主管。有个女孩打电话说要应聘，商场负责人问她："你之前没做过这个行业，为什么也打电话呢？"女孩说："因为我很自信我能做好这份工作，而且我的学习能力很强，相信自己能胜任这个工作。"

负责人听她说得很坚定，于是告诉她："这样吧，你下午6点打电话，我们面谈。"其实负责人之所以给她定了来电话的时间，原因有两个，一个是观察她对工作的态度，还有一个是考察她的时间观念。

下午 6 点时，女孩给负责人打来电话，双方约定在商场门口见面。见面之前她不停打电话确定地点，语速很快。见面时，女孩依然不停说话，不断展示出她对这份工作的自信，等她说完后，商场负责人客气地告诉她："对不起，你没有被录取。"

对此，负责人给出的解释是，这个女孩很不自信，而且他从女孩的谈话中看出她并不想找一个长期的工作，而是想将就几个月就走人。因为在谈话中女孩并不看着主考官，而是眼神游离，语速很快，一直在掩饰自己内心的不安。

这位负责人无疑深谙言谈技巧，他轻易地就从对方的语速中判断出其真实性格和内在想法。

其实在双方交谈中，一个人思考问题的方式方法、态度、感情和内心想法都会由声音的状态和说话的语调、速度的快慢以及所表现的弦外之音中表现出来，只要你能了解一二，便可占领先机。

一般来说，语速所呈现的性格特征有这样两种：

第一种是交谈中说话速度快的人，一般让人印象深刻。他们语速很快，稍不注意就容易错听很多信息。这类人思维比较活跃，性格直爽率真，喜欢在谈话中掌握主动权，自我防御意识很强，容易在语言上攻击他人，同时还富有想象力，喜欢追求新事物。

第二种是说话速度慢的人，这类人做事和考虑问题很有条理，生活上是个节奏感很强的人，思维周全缜密，做事严谨，内心坦然，办事稳妥。对生活的态度恬淡闲适，不冲动。

除此之外，当一个不善言辞的人说话速度变快时，内心一定充满了焦虑和不安，或是暴露了自己的缺点，想极力掩饰；而有些人说话单调缺乏节奏感，则代表他们对谈话内容不感兴趣，没有热情，处事冷淡，或内心有自闭倾向。

另外还有人说话时速度适中，语气温和，这种好像细水直流、舒缓有致的说话人往往态度谦和，内心宽宏，做事严谨，既有谦恭之德，又有乐善好施之美。如果你发现一个人在说话时声音娇嫩，说明他比较浮躁，性格软弱，缺乏主见，遇到困难时不能承受压力，常常感到不知所措，身边缺少知心朋友，时常感到内心孤寂。

语速的快慢不仅反映一个人的思维方式、性格特点、分析处理问题的特点，适合得体的语速还能在关键时刻助自己一臂之力。

保持怎样的语速才能让自己脱颖而出呢？下面我们一起来了解一下如何控制语速。

首先，语速太快容易给人浮躁的感觉，所以我们要注意在与人交谈时要做到三思而后行，千万不要和别人抢话。面对他人的发问，可以略微停顿一下，做到不急不躁，说话时要有节奏，逻辑要清晰。

其次，语速很慢的人，虽然办事稳重，但在初次见面的时候，容易给人留下拖拉没条理的印象。如果你有口吃的毛病，可以先掌握发音规律，将长句子断开，慢慢练习提高语速，同时注意发音时要轻柔，以达到语言的准确性和流畅性。当然，无论语速快慢，你都要顾及对方的感受，使对方在听的时候能衔接上说话的内容。

最后，想拥有最恰到好处的语速，你可以参加合唱团，在歌声中让自己的语速与众人达成一致，这种方法需要坚持练习，使其在日常生活中形成习惯，进而完全解决平时说话太快或太慢的问题。

说话自然流畅，语速适中，思维清晰，可以体现一个人的思维方式、性格特点和办事能力。因此把握好说话速度的技巧显得尤为重要。我们不仅要学会如何从对方的语速中了解他的性格和思维方式，还要适当展现自己的可贵的思维方式，传达出更多正面的信息，从而和对方契合，结下友谊，把握更多机会。

从说话风格了解他的为人

每个人的说话风格都不尽相同，有的含蓄委婉，有的直截了当，有的幽默风趣，有的尖酸刻薄，有的简洁明快，有的絮絮叨叨……看，你从这些说话的风格描述里，就能猜出一个人性格的可能倾向了，所以说话风格可以反映一个人为人处世的特点和生活态度的说法，并不是没有依据的。

前文提到过，优秀的文学作品和影视剧作品里，各色人物形象丰满，性格鲜明，富有生活活力，给人们留下了深刻的印象，就是因为作者从他们的穿衣打扮、言行举止等各个方面将他们描绘得栩栩如生。用现在的话讲，他们浑身都是戏。特别是人物的对话，人物的对话除了能推进情节发展，还能展现人物性格。正是因为不同的性格，才令他们的对话具有鲜明的个人特色，与情节的推进形成相辅相成的关系。

电视剧《水浒传》中，晁盖等人智取生辰纲之后，在民间引起了一场大议论，众人在小饭馆吃饭时谈论此事，时任押司的宋江恰好进来，双方互相打招呼之后，众人围着宋江问："据押司看是何人所为啊？"

宋江对此案心知肚明，却依然笑着看了看众人，开玩笑道："莫非是你们几个？"

大家听后哈哈大笑，宋江喝完一碗酒，若有所思地说："世道不平，国无宁日，就是寻常百姓也难免铤而走险。"

在应对办理劫取生辰纲一案的何涛时，何涛问及晁盖的情况，宋江故作不知，心里大惊，但并不形于色，只是说道："不认识！只听说此人在东溪村一呼百应，非同小可！"

　　这样的描画简直是入木三分，宋江的语言技巧和风格透露出他喜怒不形于色，心有谋略，颇有心计，小心谨慎，精明干练，遇事淡定自如，却也谦恭忠厚。

　　了解别人的说话风格，在社交应酬中，随时注意自己的说话方法，如果可以，根据对方的性格去猜测他们可能的言谈，或许容易将谈话引到自己想说的话题上去，有时更关系到事情的成败。

　　下面我们介绍几种说话的风格，以帮助你更快地了解一个人。

　　第一种，说话心直口快，直来直去，有什么说什么。这类人通常语速较快，反应灵敏，说话直接，不会拐弯抹角。他们为人坦诚豪爽，比较仗义，值得信赖，是可以深切交往的人。

　　不过这种性格的人，一般比较独断专行，很容易伤害别人，控制能力比较弱，情绪波动较大，很容易因为说话太直接，误伤周围人。比如史湘云，说话憨直爽快，纯真可爱，但前期因觉得黛玉小性，直言数落黛玉的情况时有发生。所幸黛玉从未真正放在心上。

　　第二种，说话时声音细小，不敢直视对方。这类人通常比较谨慎，不愿意让对方了解自己的内心，害怕受到伤害，特别在乎自己在别人心里的地位和形象。他们多数是内心缺乏自信，谨小慎微，做事小心翼翼的人。

他们感情细腻，内向敏感，内心充满浪漫主义色彩，时常因对现实不满，给自己造成较大的压力。

第三种，说话时不带任何感情，把握分寸。这类人知道什么该说、什么不该说，做事严谨稳重。一般稍微有点儿内向，不会乱开玩笑，略显呆板和固执，很有古代教书先生的气质，给人一种威严不可侵犯且不通情达理的感觉。

第四种，说话时面露微笑，语言幽默诙谐，时常引得周围人发笑，这同样也是智慧的体现，很容易成为众人瞩目的焦点。这类人聪明睿智，性格乐观自信，为人亲和，不斤斤计较，胸怀广大。在谈话中往往有调节气氛的作用。他们通常比较自负，不善于听取别人意见，很容易陷入一意孤行的困境。

另外还有两种是不太常见的：一种是说话时伴有夸张动作或声调层次分明，这类人通常是在引起别人注意，或掩饰内心尴尬，给人缺乏耐心不稳重的印象；一种是说话时喜欢停顿，习惯皱着眉头，会伴有"嗯、啊"的语气词，这类人通常追求完美，做事认真负责，沉稳有思想。

除此之外，一般在说话时伴随的表情动作是潜意识的行为，因此我们从每个人的说话习惯和动作表情中，也可以了解他的生活环境、内心状态、性格特点。

正如现象学家德里达曾经说的："语言的最初职责在于完成交往的功能，人与人之间的交流，只有赋予了表情和行

　　说话时面露微笑，语言幽默诙谐，时常引得周围人发笑，这同样也是智慧的体现，很容易成为众人瞩目的焦点。

为的意义，交流才能发生。"这种交流除了语言本身的内容含义，更多的是思想、精神，甚至信仰。

一声笑，尽显处世格调

心理学家认为，笑声可以透露出一个人为人处世的格调。我们所了解的笑，可以增进朋友之间的感情，可以避免双方之间的尴尬，可以增强生活的感悟，同样可以体现一个人的魅力。正因如此，不同程度和内涵的笑，更可以表现一个人的性格。

古往今来，不管是文人墨客，还是魁首枭雄，他们的笑或狂傲不羁，或强作欢颜，或隐忍克制，或自我解嘲，无一不透露出他们的生存环境和自身遭遇。因为他们不同的经历，我们也就能从不同的笑中更深刻地了解他们的内心世界。

因为笑从来不仅仅是一种面部表情，更是内心情感的自然流露、思想感情的瞬间变化，它在不经意间就能展现一个人内心的百转千回。笑是一门学问，文学作品中总是不乏对人物的笑的描写，借助笑折射出更多的东西。我们从中看见了一些人的阴狠毒辣，一些人的自惭形秽，一些人的豪情壮志，一些人的万恨千愁。

一个人只要他和别人产生了社会关系，他就必定离不开笑。笑是身体健康、心情愉悦的自然展现，是调节人际关系的润滑剂，对他人不同的笑显示的是不同的关系，是发泄自我展示自我的途径之一。人们需要用笑去表情达意，也需要了解笑声中的含义，助力我们的工作和生活。

有的人很容易被一句话一件事逗得前仰后合，捧腹大笑，而且他们的笑非常具有感染力。这类人性格直爽豪放，正直坦率，富有幽默感和爱心，对人热情大方，不嫉妒，不势力，不嫌贫爱富。因为他们心直口快，所以说话顾虑少，有时候会得罪人。与这样的人交往，你不必小心谨慎，不用担心被暗算，还可以放心地把事情托付给他。

笑起来嘴角微微上扬，不显露牙齿，眉头舒展的人性格内向，遇到不熟悉的人特别害羞，善于用笑不露齿来隐藏自己内心的想法，不会轻易透露给别人。他们通常心思细腻，头脑冷静，观察事物时不会以有色眼光去品评。

笑起来一发不可收拾，幅度很大，站立不稳，这类人性格直率，对人真诚，十分看重友情。因为他会直言不讳地指出对方的缺点和错误，所以和他们做朋友，初期会觉得他们不够热情亲切，有些难以接近，一旦真正互相了解后，就会发现他们值得深交。

笑的时候用手掩住嘴巴，小心翼翼的人大多性格内向，思想传统保守，对人相当害羞，不会轻易吐露自己的真实想法。他们对人、对己要求都很严格，追求完美，是个理想主义者。不过与他们交往确实可以患难与共，因为他们不会抛弃朋友。

笑起来嘴角下垂、声音断断续续不流畅的人，性格冷漠，对任何事都很淡漠消极，不会轻易付出，注重现实和实际，有敏锐的观察力，能够时刻窥测别人内心的想法，见机行事。他们很少显示喜怒哀乐的情绪，很难被别人理解，朋友比较少。

笑的时候双唇紧闭，嘴角向外延伸，这类人通常具有优越感，思想比较单纯，不谙世事，性格温顺，做事严谨负责，对别人的误会不加解释，是个独善其身的人。他们通常有自己的行事风格，不受外界干扰，不推脱抵赖。

笑的时候柔和平淡、低缓无声的人性格稳重，多愁善感，习惯为对方着想，容易受外界事物的影响。林黛玉笑的时候就是这样，不夸张，不放肆，与人相处和谐。

用鼻子发出嗤笑声音的人做事努力，但内心卑鄙，笑声中往往有蔑视他人的意味。

笑是一门学问，不同场合的笑表明了不同含义，对于笑的施动者来说，它又是性格特点的流露。适当的场合自然地笑，又能做到真诚不做作，不夸张，才能给人加深良好印象，让你想做的事情顺利推进。

总是说错话，是他的心不诚恳

生活中每个人都难免会说错话，这没什么大惊小怪的，还会因为说错话闹出无伤大雅的笑话，只是有时也会带来麻烦。但有一种人经常说错话，原因何在呢？

我们仔细想一想自己偶尔说错话时的情形，就会发现，当时说错话是因为脑子里突然有一个别的想法，冲击了之前的说话思维，导致偶然想到的事情的词汇溜出口中。

如果一个人经常说错话，就说明他越是想极力避免说错话或做错某些事情，就越容易说错。心理学家弗洛伊德认为，发生说错、写错、做错等行为，正是内心真正愿望的体现。

也就是说这是说话人潜意识与心理沟通不善造成的，所以这种人一般表里不一——他们的心非常不诚恳。

说错话其实是内心紧张、惶恐不安时外化出来的一种状态，它直接由内心体现在行为上。他想隐藏自己的真实想法，却说错了话，而且是常常说错话。

一般情况下，当意识到自己说错话时，他会尽量找些借口掩饰。但实际上，他不小心说出的错话，正是他内心真实的想法，本来他就有强烈说出来的欲望，却一直在极力克制，所以当他说出来了，又非常不安，想要极力挽回，他们不断解释，然而欲盖弥彰。

还有一种情况，当一个人内心反复告诉自己"千万不要说错话其实是内心紧张、惶恐不安时外化出来的一种状态，它直接由内心体现在行为上。他想隐藏自己的真实想法，却说错了话，而且是常常说错话。

告诉别人""一定不能说出去，否则后果就严重了"时，往往越努力控制被压抑的东西，越容易流露出来。

比如，开会时，内容枯燥乏味，某人心里特别想离开这个是非之地，心里祈祷着"希望这个会议早点儿结束吧"。注意，当他在内心反复重复这个想法时，如果突然被点到名陈述对事情的看法时，他可能会立刻说出"会议结束"这句话，而这个口误的发生，正是他内心想法的真实体现。

即当一个人内心某种意愿存在时，潜意识里其实是知道这个意愿不会发生的，于是出现了恐惧不安、想要逃避的心理，而这种心理会使他在无意识的谈话中流露出来。

每个人都会因为一些特殊的原因想去隐藏自己的真实想法，为了使这种隐藏是有效的，他们会最大限度地去克制，语言就是他们克制的方法之一。比如，有些人在犯错后，努力为自己开脱罪名，争取机会。

如果一个人经常如此，且善于伪装，不易被人发现，那么与这样的人交往时，一定要注意，他们很有可能就是说一套做一套的人。所以我们在与有这种倾向的人交流时，要时刻关注对方的谈话内容，正视对方的眼睛，通过他说错的话揣摩他的真实想法与意图。

了解了这一点，反观自身，为了避免自己说错话的情况出现就要懂得说话一定要注意场合，掌握分寸，关键的是要做到心无旁骛，如果实在不愿意去表达自己的想法，一笑而过，转移话题，也是好的。

🗣 发牢骚，不是坚信有改善的空间，就是坚信有人爱着

生活中也好，工作中也好，我们经常会见到一些发牢骚的人，他们或经常抱怨生活的无助、工作的不顺心，或烦恼于人际关系的复杂。他们的嘴巴从早到晚似乎都没有休息过，哪怕是一些微不足道的小事，他们都要挑剔得没完没了。

我们如果深入想一想，就会知道，这些喜欢发牢骚的人其实都是在宣泄情绪，或者是因为追求完美而得不到理解，或者是对现实不满，无计可施。如果是亲人发牢骚，一定是因为他们潜意识里相信他们抱怨的对象，相信对方的爱，即使自己频频用语言表达不满发脾气，对方依然不会离开，还会爱他们。说到底，就是仗着有人爱。从另一角度来看，这何尝不是一种极度的信任呢？他们坚信工作或生活有改善的空间，也坚信有人爱着。

经常发牢骚的人，大多是追求完美，有高水平、高质量生活理想的人，当现实和理想出现差别，虽然觉得经过自己和他人的努力可以改善，但是在短时间内又不会马上实现，他们自然就要发泄自己的情绪。在他们心中，自认自己是完美的人，自己的表现也尽心尽力，所以看到一些人没有把事

情做好，或是没达到自己满意的程度，影响了做事的质量和结果，就会表现出极大的不满与愤怒。所以他们难免表现出苛求的性格特点，而且因为牢骚多多，令他人觉得他们很难相处。

还有一些是怀才不遇的失意人，他们拥有卓越的能力，可是时机总是差了那么一点点，他们不懂得管理自己的情绪和言行，因为一时的失意而唠叨满腹，频繁的噪音干扰令其他人也心生不虞，长此以往，就直接影响了他们的社交人际关系，旁人逐渐远离他，不想被他的低气压压抑，于是相应地放大了他的缺点，不愿也不想赞赏他和欣赏他，他自然就无法被重用。这种情况又加深了他怀才不遇的心理感受，更加使他怨天尤人，恶性循环起来，后果可怖又惊人。

家庭生活中，女性经常充当着发牢骚的一方。大部分情况下，男人只要想着怎么把工作做好即可，职业女性则除了要把工作做好，还要兼顾家庭。她们身负多种角色，她们是妻子、妈妈、儿媳、女儿，是家庭里的教师、理财师、外交家、厨师、环卫工……是工作中的白骨精。她们需要得到丈夫的体谅和敬重，希望丈夫能够分担她们的一部分角色，可是说出要求的时候，她们又觉得难过，难免就把负面情绪带了出来。不满像是闸口，一旦打开，后面的委屈、失落、失望等纷至沓来，她们变得不理智不客观，常常将问题上纲上线，以偏概全，而丈夫出于潜意识的自卫心理，往往针锋相对。两个人由此进入对立阶段，或者矛盾升级，或者交流中断，问题无法得到解决，且周而复始。

亲密关系中的发牢骚是一种间接的、无休止的否定性行为。它常常用来提醒对方的缺点和没做的事，从而希望对方能够重视她的贡献，改善自己的处境。最关键的是，她相信也期待，对方会因为她的牢骚而有所改变，因为他们相爱，无论是夫妻、亲人，还是朋友。一旦她绝望透顶，那么，"抱歉，我何必对牛弹琴？"

工作中，内心强大的人几乎不抱怨不发牢骚，他们有自己独特的隐秘的释放压力的办法。而有的人会有不同程度的抱怨和不满。他们说出来也未必是真的怨恨，只是一时心情糟糕，无以排解，于是通过发牢骚的方式发泄出来，进而让自己冷静下来，或重新想办法解决，或向外寻求帮助。

我们了解了发牢骚的心理机制，那么就要积极面对牢骚。发牢骚一个比较负面的影响就是很容易对事又对人，甚至完全上升到对人的偏执否定，导致挑别人的毛病，"控诉"别人的缺点。所以当我们听到这样的牢骚，如果制止不了，就找借口离开，不要卷入不必要的矛盾。以他人为鉴，自己不要犯这样的职场禁忌，不要对同事、上级、合作者和竞争者评头论足，因为除了容易引起纷争之外，很可能有失客观理性，又造成不实流言，还可能降低自己的格调，授人以把柄，对工作的进展和职业规划毫无好处。

说粗话，有时是对自己的一种肯定

工作和家庭场合，甚至不经意间路过的场合，我们常常会听到别人说粗话。我们习以为常，并不太放在心上，除非是针对我们自己，对自己产生恶劣影响，或者有些人的身份和所说粗话格格不入，才能给我们造成强烈的印象和极度不适的心理。

说粗话，经常会引起别人的反感和鄙视，但是说粗话的原因各有不同，却未必跟个人的文化素质和个人修养有关，也未必与他的社会地位、个人财富有关。

迪蒙瑟·杰说："咒骂是人类的原始本能，甚至是人类灵魂的止痛剂，因为咒骂能让我们脑子自由。"

说粗话，到底都是什么原因造成的呢？我想，究其根本原因，更多的是出于一种对自己的肯定：他们能较为理智客观地认识自己，清楚自己的缺点，更肯定自己的优点。所以他们想借此表明自己的正确和优秀，证明自己存在的必要性和重要性。

这个根本原因导致的各种心理又是各有不同的。可能某些无能的人真的是素质低下，可能仅仅是一种语言习惯，也可能是因为愤怒，急于寻找发泄途径而不得，可能是纯粹的为了得到心理上的满足，还有可能是抱着游戏的态度。不同的原因，说脏话对于不同的人来说就有不同的意义。

第一种，素质低下，无能无德。这种人稍有不如意或事情稍有偏差就脏话连篇，且有明确的针对性，日积月累，说脏话就变成了他们不加思考可以信手拈来的"技能"。这类人，他们想让别人觉得自己宽容且正确，却反而引起他人反感，觉得他们个人修养不足。

第二种，可能仅仅是一种语言习惯，与个人素质无关。这些人中不乏劳苦大众，他们本性善良，只是长期的劳作和地域文化早已经融入了他们的日常生活，所以一些脏话好像口头禅一样普遍。这种情况下，他们不自觉的粗话只是直率地表示内心的喜怒哀乐，没有任何实际意义和针对性。

比如，两个好久不见的朋友在路上偶遇，两个人意外之余，因为惊喜，很可能用脏话打招呼，这反而是他们关系亲密的表现。

第三种，说粗话是内心愤怒的表达。研究发现，当一个人感觉压抑时，说几句粗话表达内心的愤怒，不但会使血压维持正常水平，激素皮质醇的分泌量也会相应减少，缓解压力感。如果想努力克制这种压抑，反而会使血压升高，甚至引发心脏疾病。

《史记·项羽本纪》中，项羽、亚父范增设鸿门宴，本意是要借项庄舞剑刺杀刘邦，可是项庄被项伯阻挠，刘邦得以遁走，范增非常生气，说项羽之辈："竖子不足与谋。"这里一个"竖子"明确表现出范增的愤怒和失望。

有很多大家熟悉的文学家，他们满腹经纶，如鲁迅先生，在谈到战争中的小人时，也忍不住要讲粗话，人们不但没有因此厌恶他，反而拍手称快。他们格局高远，自然不会说那些为了让别人认可、肯定自己的豪言壮语。

第四种，为了寻求心理上的平衡。有的人虽然能力出众，性格上进，但是因为一些客观原因，他们没能得到他们期待的收获，眼看着比自己优秀的人出人头地或是得到了自己渴望得到的东西，心里郁闷焦躁，他们虽然潜意识里承认那些人凭实力获得的东西值得肯定，还是难免失落。这个时候他们可能会通过说脏话的方式发泄不满，平衡心理。

寻求平衡心理的现象，还有一个典型的代表群体——女性。虽然社会经济发展迅速，社会结构发生了翻天覆地的变化，女性地位也有了很大的提高，她们在工作上兢兢业业，精益求精，可是依然受到很多的限制。为了寻求心理平衡，有很多人开始用脏话来说话和评论，她们想用粗犷的言辞来挣得和男性同样的外在语言权利。所以，我们有时候看到衣着光鲜、气质优雅的女性也会冒出脏话，就不难理解了。她们以另外一种表达方式，寻求心理平衡和对自己的肯定，虽然别人未必能够懂得。

第五种，孩子之间游戏时说的粗话。不难发现，特别是男孩子在和伙伴游戏时，通常会说出一些粗话，而这些粗话是他们在老师和家长面前不敢说的。有时候他们说粗话并没有恶意，有的是因为好奇，有的是有样学样，有的是为了显示摆脱父母老师的管教出现的逆反行为，这样使他们看起来有面子。

心理学家认为，说粗话可以缓解疼痛，因为说粗话和肾上腺素的调节作用有关，有侵略意识倾向。研究表明，说粗话是想侵犯别人，此时出现的任何疼痛感就不会很明显。

了解了以上这些说粗话的心理，我们就可以知道，我们不必对他人说粗话的事情上纲上线，只要没有恶意诋毁和侮辱，最好的办法就是做到充耳不闻，也不必因为一个人偶尔冒出的脏话就对其全盘否定——看一个人要看他真正的脾气秉性，而不是言行上是否端庄不羁。当然，如果出现了恶意中伤和欺侮，也不必一味隐忍，你要让有些人知道，嘴下不留德，是要受到惩罚的。

Chapter 11
读懂别人的穿衣打扮，找到气场相合的朋友

服饰有品位，性格有魅力

穿着打扮不仅可以体现出一个人的喜好和气质，同样也是内心世界的外在体现，款式、颜色及其搭配，无一不显示穿着人的性格特点和心理情绪。所以了解一个人的穿衣习惯和搭配方式，可以帮助我们能更多地了解他。

> 他穿着一件用波斯面料做成的具有典型东方服饰特点的睡衣，一丝儿也不带欧罗巴的气息——没有流苏，没有丝绒，没有腰身，宽敞得能够把他裹上两周。袖子，地道亚洲式的，从手指到肩膀一路渐渐肥上去。这件睡衣虽然失去了它最初的鲜艳，而且有几处地方磨出了油光，盖住原来的天然光泽，却还保持着东方色调的鲜明和料子的结实。

在奥勃洛摩夫眼睛里，这件睡衣有着无数宝贵的价值，又软又顺，穿在身上毫不觉得，听从身子最细小的动作，有如一个驯顺的奴隶似的。

在家里，奥勃洛摩夫是从不系领带或者穿背心的，为的是他喜欢舒畅和自在。穿着一双长长的、软软的、肥肥的拖鞋，从床上起身，他看也不看，双脚向地板上一落，总就笔直地穿进去。

这是俄国文学家冈察洛夫写的著名的《奥勃洛摩夫》书中的一段文字。这段文字充分展示了一个长期贪图安逸舒适、懒惰成性的人物形象。作者笔下的奥勃洛摩夫是个衣着极具个性的人，因此每个读者的脑海里对他都留下了深刻的印象。

我们再看一下俄国作家果戈理又是怎样表现守财奴泼留希金的：

……那衣服可更加有意思。要知道他的睡衣究竟是什么底子，只好白费力；袖子和领头都非常龌龊，发着光，好像做长靴的郁赫皮；背后并非拖着两片的衣裙，倒是有四片，上面还露着一些棉花团。颈上也围着一种莫名其妙的东西，是旧袜子，是腰带，还是绷带呢？不能断定。但绝不是围巾。

　　果戈理通过细致描绘泼留希金的衣着，充分显示出他的吝啬和贪婪，为文学史上留下了另一个这么鲜明真实的守财奴形象。

　　那么，服饰是怎么具体体现一个人的性格特点的呢？

　　喜欢白色的人属于标准的完美主义者，时常带有挑剔的心理。他们做事喜欢依着自己的感觉和情绪走，一旦确立了目标会毫不迟疑地执行。他们希望成为众人仰慕的对象，有严重的自恋倾向，内心矛盾，时常感觉孤寂，对于新鲜事物既充满期待又怕失望。

　　喜欢黑色的人如果不是单纯从显瘦的原因出发，那么一般性格坚强刚毅。黑色意味着神秘、专业、富于思考，他们有着不妥协的人生态度和极端的性格。他们表现欲很强，但内心脆弱，喜欢用黑色掩饰自己的心情。喜欢黑色衣服的人，往往不善于人际交往，他们希望用黑色来掩饰自己内心的不安和恐惧。

　　喜欢红色的人性格热情直率，他们意志力坚强，做事果断，渴望成功，只是往往缺乏耐心，情绪起伏很大。由于说话不加思考，很难考虑别人的感受，他们经常给人没心没肺的感觉，喜欢把过错归咎于他人或是不可抗拒的外界因素上，做事很难成功。

　　喜欢灰色的人性格多疑，责任心很强，因为他们不相信别人的能力，时常亲力亲为，习惯活在自己的想象空间里，

　　喜欢白色的人属于标准的完美主义者，时常带有挑剔的心理。他们做事喜欢依着自己的感觉和情绪走，一旦确立了目标会毫不迟疑地执行。

不管遇到什么挫折和困难，依然处事不惊。他们在对待感情上，往往很痴情，喜欢默默地付出真情，享受彼此依恋的感觉。

喜欢蓝色的人性格敏感多思，自信沉稳，十分有品位，做事善于思考，是有计划、有耐心、有毅力的领导者，是个感性而富于创造力的人。他们精神生活丰富，自尊心很强，喜欢自由自在的生活乐趣。

喜欢绿色的人性格坦诚随和，崇尚自然，喜欢与大自然融为一体，追求平静安逸的乡村生活状态。他们往往对人对事怀着顺其自然的心态，生活平静安然，不跟人计较，与人相处和睦。对待感情专一，非常享受二人世界的甜蜜。

喜欢咖啡色的人通常有强烈的欲望，外表冷静，内心热情，自我价值观很强，害怕他人对自己的否定和不认可，习惯脚踏实地地做好每一件事情，善于隐藏自己脆弱的一面，非常有个性和想法，常常给人稳重、安全的感觉。对待感情比较挑剔，喜欢对方温顺柔和。

喜欢黄色的人是天生的乐天派，性格自信，风趣幽默，善解人意，做事认真负责，从容有序，属于智慧类型的人。他们追求新奇，喜欢新鲜刺激的事物，经常有引人注目的举动。

内向的人喜欢不惹眼的设计；活泼的人喜欢裁剪简约的宽松款式；事业有成的人喜欢穿帅气大方的衣服；叛逆的人

喜欢极端的造型；体面的人喜欢有腰带的设计；自我陶醉的人喜欢穿着时尚前卫的衣服；突然发迹、发福的人喜欢穿品牌服装……

　　衣服的颜色和款式完全可以展现出一个人的性格和心理。我们常说"人靠衣装马靠鞍"就是因为服装能够展现一个人独特的品位、气质和魅力。你细心观察对方的服饰颜色及其搭配方式等，你就更能很好地更准确地了解他人，从而顺利地进入他的内心世界，让他自然而然和你交朋友。

🌼 小 T 恤，大个性

　　T 恤，最初只是码头工人和水手的内衣，发展至今不过只有半个世纪。

　　20 世纪 50 年代，马龙·白兰度在电影《欲望号街车》中凭借一件白 T 恤迅速走红，从此无数人为 T 恤倾倒，T 恤逐渐成为风靡世界的服饰。到现在，很多明星都对 T 恤偏爱有加，T 恤在他们的身上不仅穿出了层次感，展现出明显强烈的个人风格，还突出了他们独特的个人魅力。

　　因为，如今的 T 恤款式繁多，造型多变，人们只需花很少的钱就可以买到彰显个性的 T 恤，样式或清新大方，或色彩鲜明，或剪裁个性，或材质多样。不论是什么样的风格和款式，不同的 T 恤选择无不表现出穿着者的性格和对生活的看法。

白色调为主的 T 恤通常会给人素净、雅致的感觉。喜欢穿这类 T 恤的人通常比较朴实大方，心地善良，思想单纯，对人十分宽容，忍耐力超强，为人亲切随和，从不会用花言巧语去欺骗和玩弄他人。同时他们又是比较独立的人，不会轻易向世俗潮流低头。和这样的人相处，不用担心被出卖。

喜欢穿着色彩鲜明 T 恤的人一般很活泼热情，开朗乐观，思想单纯，性格直率坦诚，生活态度积极向上。

选择穿纯色 T 恤的人性格比较内向，不爱张扬。这类人的表现欲望不是特别强烈，向往平凡普通的生活，非常富有同情心，希望尽自己所能去帮助每一个有需要的人。

喜欢在 T 恤上印有标语的人通常很有同情心，喜欢展现自己的个性，他们为了吐露心迹，将心中表现自己所想的话印在 T 恤上，既是内心无言的表达，又是自我幽默和讽刺。他们常举着这样的旗子到处挥舞，表达着自己的个性和心情，希望能够找到和选择与自己志同道合的朋友。

喜欢在 T 恤上印着正能量标语的人，喜欢表达自己真实的祝愿和爱国之情，他们富有责任感和使命感，敢于承担风险。但凡有大事发生，他们会在第一时间以自己的方式发布信息，传递力量和祝福。

喜欢在 T 恤上印有领袖、英雄或明星的画像和名字之类的人，一般都是追星族，他们将这些明星作为崇拜膜拜的对象，设为追逐目标，希望日后成为那样的人或能够成为明星的忠实后援团和拥趸。

喜欢把夸张有趣的动漫人物印在 T 恤上的人，他们大多以青少年为主，他们有活力，有朝气，思想直接单纯，性格天真无畏。无论明星或成人，如果穿着这样的 T 恤，都是内心有年轻心态，向往年轻逆生长。

喜欢穿着印有学校名称或是企业标志 T 恤的人，他们通常具有一定的荣誉感和集体归属感，希望他人知道自己的身份，同时也吸引与自己意气相投的人或团体。

喜欢把自己的名字或头像印在 T 恤上的人，他们思想比较前卫，性格开朗大方，对人热情真诚，喜欢接受新鲜事物，善于结交朋友，有一定的应变能力。

随着 T 恤越来越受到人们的喜爱，T 恤变成了体现人们个性的有效方式之一，人们通常喜欢用服饰来体现个性，或是掩盖内心的不足，如果抓住人们穿 T 恤的细节，也能比较容易了解他的性格特点，从而做到知己知彼，与其建立良好的关系。

❀巧搭领带，就是写好介绍信

2002 年，BBC 因为报道一则消息引发了不小的轰动。当时 BBC 资深新闻节目主持人西松斯在宣布女王的母亲去世的消息时打着绛红色领带，被观众认为其对老人的去世没有得体的哀思和敬重，批评他"不近人情"，导致 BBC 遭到唾骂，名誉一度受损。

由此可以看出，不同的场合，佩戴不同的领带，是对自己和他人的一种尊重。

领带起源于欧洲，作为古老的配饰流传到了现在，一直是尊贵地位的象征。发展至今，领带已经成为商务场合、重要宴会上象征礼节的必不可少的一部分。适合的领带，能够显示男士的身份地位、衣着品位，也能显示他们独特深沉的内心世界。对于商务男士来说，巧思搭配领带，就是写好自己的介绍信，能够充分体现一个人的精神状态，彰显个性。

喜欢用条纹领带的人通常属于脚踏实地的人，为人谨慎小心，诚实可靠，生活上比较保守，工作上值得信赖。他们很重视自己的外表，非常在乎自己在别人心目中的形象。他们善于和不同的人交往，因为坦诚亲切，很容易取得别人的好感，受到很多人的喜欢，属于非常安全型的实业家。但是这类人非常缺乏挑战精神，对工作没有勇于进取的决心。

喜欢用大而华丽领带的人性格开朗热情，他们往往对任何事都充满了好奇心，喜欢追求和挑战新鲜事物，常处于欲求不满的状态。但是他们通常做事没有耐心，时常感到厌烦，因此在工作和生活中，容易蒙受损失，遭到误解。一般情况下，这类人不适合做生意，往往因为太过招摇，给人不稳重的印象。

喜欢用圆点花形领带的人一般属于浪漫主义者，性格温和沉稳，内心充满自信，有很好的灵敏性和判断能力，工作上充满活力，同时也具有一定的实力，是值得信赖的人。他们通常渴望得到别人关注，非常重视外在形式，不时会有夸张的言行。

喜欢红色领带的人一般属于标新立异者，他们往往强烈渴望得到别人的认可，虚荣心很强。工作上易不切实际，好高骛远。他们的缺点是轻易许诺，虽然对你的要求满口应承，结果却没有付诸实际行动。

喜欢蓝色或紫色领带的人通常只是梦想家，内心充满浪漫主义思想，工作上只会动脑筋而缺乏实际行动力。属于信赖度很低的类型。

喜欢用名牌领带的人多数希望引起别人注意，特别在乎他人对自己的看法。这类人一般有相当大的野心，时常会做出超乎理智的行为，在生活和工作中处于不安分的状态，一般情绪不太稳定，与他们交朋友需要谨慎。

喜欢系蝴蝶结的人多半是靠自己能力取得成功的人，这

喜欢用名牌领带的
人多数希望引起别人注
意，特别在乎他人对自
己的看法。

种系法可以使他们看上去像上流社会的人，一般拥有强烈的自我表现欲望和极强的自尊心，对任何事都非常挑剔，常常拘泥于小节。虽然他们做事讲求信用，却常常没有伙伴，所以只能孤芳自赏。

除了用领带款式、颜色和名牌能够判断一个人的性格，还有一个细节需要注意，就是领带结的打法。

把领带结得又小又紧的人通常身材瘦小，想通过这种打法让自己显得高大，或是向别人展示自己的威信，不允许任何人有半点轻视和怠慢。

把领带结得又大又松的人通常温和文雅，自由散漫，在与别人的交往中总是主动的一方，性格真诚自然，感情丰富，不虚伪，不做作，尤其深受女士的喜欢和青睐。

领带作为男士服装的重要饰物，不仅给人庄重典雅的感觉，还体现了男士深沉、稳重的品位和气质。社交场合中，我们仔细观察男士领带的款式、颜色、品牌、结法，据此分析他的性格特点作为其他方式的参考，就能够更准确地把握他的内心世界。你要知道，他戴着一张显而易见的介绍信呢。

每块手表，都自带身份和风格

社会交往中，许多事业有成、风度翩翩的男士，还有时间观念比较强的人，总是喜欢戴手表，这显示了他们对生活和工作积极的态度，希望能够有条理地高效地处理事务。

在这个时尚潮流日新月异的年代，手表更多地成了一种时尚饰物。有关研究发现，一个人对手表的喜好程度，不同的款式选择和佩戴方式，往往在不经意间传达出了他的性格特点和心理。

喜欢佩戴正装系列手表的人多数是稳重务实型，无论佩戴者购买力如何，所佩戴手表的档次如何，这一系列的手表正迎合了他们追求踏实朴素的性格特点。通常他们属于传统意义的好男人，稳重内敛，崇尚简约大方，值得信赖和依靠。

喜欢佩戴时尚大表，或是表盘上有密密麻麻计时圈的人，他们通常属于时尚运动型，永远有颗年轻的心，追求潮流和酷炫。他们给人的感觉是有趣且善于享受生活，和这样的人在一起，生活中充满了新鲜和刺激，只是有的人会因为不同原因，难以持久热情。

喜欢佩戴镶有钻石、黄金手表的人，属于张扬炫耀型，钻石和黄金都能在一定程度上显示身份地位和财势，这样的手表无疑也成为他们提升和显示个人价值的必需品。他们不惧露富，甚至害怕别人不知道他们有钱，所以一伸手一投足之间，要的就是炫富。他们如此重视钱财，可能就会相应对其他事情有所轻视和怠慢，并且不容易信任别人。如果想和他们交往，你要么身上有让他刮目相看的能力，要么有可以和他匹敌的财力，要么能让他觉得你有他值得炫耀的资本。

佩戴的手表很个性，既不是主流品牌也不是大众款式，这类人通常属于标新立异型，一般不喜欢和别人重样，但由于经济能力有限，无法购得稀缺限量版的手表，就会比较中意于一些相对冷门的样式，这样既可以避免"撞表"落入俗套也不至于钱包受损。这种人有强烈的自尊心和小小的自卑感，和这样的人相处，一定要注意顾全他们的面子。

佩戴的手表虽然精致华贵，一般人却不认识，可能也没机会认识，这类人要的就是低调的精致，于细微处见奢华和深厚。他们性格豁达，热爱生活，对事物有自己独特的见解，自信果敢。他们有学识有阅历，往往已过而立或不惑之年，已经不屑于用黄金和钻石来证明他的实力，他们的身边人也智慧练达，能够洞悉真相。

喜欢带有液晶显示型手表的人，生活比较节俭，思想单纯善良，喜欢简约方便的事物，做事认真负责。他们通常对朋友很大方，不拘小节，和他们相处大都融洽和谐。

有一种隐形手表，显示区域看上去一片漆黑，按一下时间键才会显示时间。喜欢戴这种手表的人，内心有很强的独立意识，不喜欢被约束的生活，崇尚自由，喜欢做自己想做的事。他们通常善于隐藏自己的真实想法，在交往过程中给人神秘的感觉，一般人很难了解他们内心最深处的想法，而他们自己也非常享受这种神秘感，喜欢被别人注目和猜测。

喜欢佩戴怀表的人，他们通常非常忙碌，每天会把所有的事情安排得井井有条，时间分配合理。他们适应能力很强，遇到不如意的事能及时调整心态，始终保持积极乐观的态度。同时，他们又属于比较怀旧的人，往往一件小的物品就能勾起他对过去的眷恋和回忆。

不喜欢戴手表的人，比较独立自主，不喜欢被他人支配；善于同别人打交道，交际能力突出；爱学习，有巧思，遇事善于随机应变，应对自如。

可见，手表不仅仅是提示时间的机器，更是人们的性格和内心世界的"显示器"。在人际交往中，我们可以通过观察交往对象的手表，更准确地了解对方。

手包，拿的就是姿态

心理学家凯瑟琳·伊斯曼在《赏包识美人》一书中指出，无论时尚潮流如何变幻莫测，一个女性总会特别偏爱某种类型的包，或是偏向某种用包的方式。

英国女王伊丽莎白二世无论走到哪里，都喜欢左手提着一个手提包。这个手提包里装载的东西一直为英国人津津乐道，几十年来却一直是个谜团。这个手包令她神秘起来。

皇家传记作家萨莉·斯密斯在新书《伊丽莎白女王：现代君主的一生》中揭开了这个秘密：女王在手包中放有折叠整齐的5磅或10磅钞票，是用来在礼拜日捐献给教堂的；还有口红和镜子，每次就餐结束后，她都要拿出镜盒，补抹口红；此外，女王还经常在包里放一个挂钩，用餐时，她就用这个挂钩将手提包挂在桌边，以免掉到地板上。

女王手提包不仅可以盛放东西，某些情况下，还具有传递"信号"的功能。当女王和客人们一起用餐时，如果她将手提包放在桌上，说明她想在很短的时间内结束用餐，离开现场；当女王参加宴会时，客人殷勤地找她聊天，如果她感到厌烦乏味，就会将手提包放到地板上，向王室的人发出"求救信号"；如果她感觉聊天非常快乐和轻松，她会把手提包放在左臂弯处；当女王和客人们散步聊天时，如果她想尽快结束谈话，就会把手提包挂到一边的肩膀上。如果女王放出想要离开的信号，王室的仆人就会趁机加入谈话当中，使女王不失礼地悄然离开。

手提包就像女人的贴身伴侣，随身带着它，在潜意识上，给了她们某种情感上的寄托。

随着社会的发展，手提包的品种、花样繁多起来，成为女性青睐的用以搭配服装的最佳饰品，甚至很多时候挑选自己喜欢的款式的手提包成为女性奋斗的目标，因为它在无形中契合了女性内心的心理需要，也彰显了女人独特的生活品位和气质。

手提包很大，看起来不像个手袋，确切地说更像一个大提包，材质可能是布的或是塑料的，使用者尽可能在包里放进更多的东西，而且一包在手，很少更换。使用这类手提包的女性比较注重实用，不拘小节，通常很受欢迎，性格大多外柔内刚，很有自主意识。

手提包很小，一般是上等皮革制成，拿在手里给人灵活小巧的感觉，钟情这类手提包的人通常属于完美女性，她们一般行事力图简洁，性格自信而且洒脱，应变能力很强。她们的手提包为每件必需品都准备了空间，以便把它们放在合适的位置随时取用。和她们交谈，要本着有话就说的原则，不能拖泥带水，力求简洁高效。当然，每天晚上，她们也会仔细把包清理一遍，就好像随时掌控信息一样。

手提包更像是公文包，里面随身携带定时器、无线电话等值得信赖的物品，使用这类手提包的女性大多性格外向，有风度，待人友好，非常善解人意。从包里放的东西我们能看出，她即便不在家，也可以随时指挥家庭的运作。

手提包更像是一个服务工具，包里随时准备了纸巾、药品、锉刀及针线包，习惯拎此类手提包的女性性格平和热情，乐于助人，充满活力，她们往往不讲究表面，力求实用就好。对待生活从容有序，体贴他人，工作中认真负责，一丝不苟。和这类人交往，不必担心意外情况发生，因为在她们面前所有的困难都会迎刃而解。

喜欢拎包的女性大多有趣，善良大方，喜欢社交。朋友很多，即使在繁忙的生活中，她们也会气定神闲。

喜欢背包的女性大多内心温和，充满朝气，酷爱休闲游玩，本性平和纯真。但是做事有些糊涂，时常犯些小错误。

喜欢肩包的女性性格自信，有主见，考虑问题比较全面，不容易受潮流的影响，是兼顾内容与形式的理性者。

当然，也有部分女性不喜欢随身带包，而是将琐碎的东西塞进口袋中，这类女性一般很强势，不喜欢提包，希望与男人平等相处，极力想把自己跟一些女性化的东西划清界限。她们特立独行，不拘一格，内心充满了解放自我的强烈渴望，具有很强的自主性，很少考虑别人的感受。

女性之所以愿意随身携带手提包，是出于她们在内心寻求安全和姿态出众的生理需要，因为手提包给她们带来了足够的自信，也彰显她们自认为的气质和品位，也就是说，手提包，无论什么款式、颜色，展示的就是一种自我的姿态。这种姿态让她们沉迷，也让别人为之倾倒。

饰品，安放你动荡的小欢喜

配饰品是女士最喜欢的展现自己美丽的方式之一。一位心理学家曾经指出：酷爱佩戴过多饰品的女人，感情世界比较丰富；当一个女士突然更换饰品时，往往意味着生活发生了重大变化。

很多作品中，作者都用不同的饰品体现了主人公的性格。文学大师曹雪芹在《红楼梦》一书中，运用饰品的特点淋漓尽致地刻画了人物形象。

薛宝钗和史湘云的胸前都佩有饰物，一个是金锁，一个是金麒麟。曹雪芹为什么要选用这两样饰物呢？或者为什么不把它们对调呢？因为曹公正是要借此来表现两个人不同的性格和气质。

金锁即金子做的长命锁，长命锁的来历源远流长，据说是保佑佩戴之人健康平安的吉祥之物，带有很浓的封建色彩，寓意为"锁住无形的东西"；麒麟来源于神话传说，相传它外表狰狞，内在仁厚，是一种非常有灵气的神兽。

宝钗曾在大观园中说过一段"女子无才便是德"的评论，这段话非常鲜明地刻画了宝钗恪守封建礼教的性格：

> ……咱们女孩儿家不认得字的倒好。男人们读书不明理，尚且不如不读书的好，何况你我。就连作诗写字等事，原不是你我分内之事，究竟也不是男人分内之事。男人们读书明理，辅国治民，这便好了。只是如今并不听见有这样的人，读了书倒更

坏了。这是书误了他，可惜他也把书糟蹋了，所以竟不如耕种买卖，倒没有什么大害处。你我只该做些针黹纺织的事才是，偏又认得了字，既认得了字，不过拣那正经的看也罢了，最怕见了些杂书，移了性情，就不可救了。

再来看一下史湘云，她说的话从正面形象地表现出她活泼豪爽、洒脱自由的性格：

> 湘云一面吃，一面说道："我吃这个方爱吃酒，吃了酒才有诗。若不是这鹿肉，今儿断不能作诗。"……黛玉笑道："那里找这一群花子去！罢了，罢了，今日芦雪庵遭劫，生生被云丫头作践了。我为芦雪庵一大哭！"湘云冷笑道："你知道什么！'是真名士自风流'，你们都是假清高，最可厌的。我们这会子腥膻大吃大嚼，回来却是锦心绣口。"

宝钗的金锁是封建礼教的象征，而湘云的性格，偏离正统，具有张扬快意的侠义精神。

在我们的实际生活中，小饰品材质不一，品种繁多，功用和讲究各有门道，无论男性还是女性，对饰品的喜爱和选择都有强烈的个人色彩和目的。赠送朋友，犒劳自己，或者就是对某些饰品"一见钟情"，那种发自内心的喜爱和欢喜像跳出了嘴角眉梢。

喜欢戴手镯的人具有充沛的朝气和活力，她们多数是头脑聪明和有智慧的人，她们为人真诚坦率，很容易沟通，并且能很快获得他人理解。他们一般都明确地知道自己想要什么，并会主动追求，即使偶尔感到迷茫但仍不会放弃。

喜欢戴耳环的人自我表现欲望很强，喜欢向别人展示自己的身份、地位和价值，以此来吸引他人的目光，力图留下深刻的印象，以得到别人的赞誉和奉承。她们自尊心很强，不愿听取批评的话，有点儿小肚鸡肠，容易记仇。

喜欢戴戒指的人多数想显示自己的个人品位、社会地位和经济状况。她们的个性直爽坚强，喜欢灿烂华丽的生活。

喜欢戴胸针的人讲究衣着，重视整体服饰的得体合理的搭配，相当重视自己在他人眼中的形象。这类女性感情细腻谨慎，有一定的疑心，不会轻易相信任何人，也不会贸然做出某种决定。她们通常用谦虚的态度掩饰内心的不安，期待完美的爱情。

喜欢用珠宝来点缀服饰的人通常属于完美主义者，凡事希望做到尽善尽美，没有瑕疵。对待生活平和自然，属于享受类型的人。她们希望自己完全融入某种氛围中，与周围人友好和谐地相处。

喜欢戴有大量珠宝的人大都爱招摇和卖弄，无论什么地方，她们的饰物总会吸引多数人的目光。他们深谙金钱的价值，有很强的金钱观念，习惯享受物质生活。她们的性格积极乐观，充满幻想，只是在与人相处时难免显得人情淡薄。

喜欢佩戴体积小不太显眼的珠宝首饰的人内心平和安静，谦虚稳重，不张扬，面对任何事情都能保持安然自若的神态。她们一般不希望引起周围人的注意，崇尚自然，喜欢自由、恬淡的生活状态。

喜欢佩戴具有浓厚民族风格饰物的人个性鲜明，对任何事情都有自己独特的见解和行事风格。

每个人的个性都是独一无二的，他所喜好和选择的饰物也是性格使然。现在很多人买饰品虽然也有收藏的初衷，但是很多时候，是因为对饰品本身的无限喜爱。无论饰品是什么材质，价值几何，当他们看到心仪的那些东西，心里涌动的是雀跃和欢喜。更多时候，他们通过买饰品来取悦自己。

这种积极自爱的生活态度，正是他们耀眼璀璨的原因！也正因此，他们才会吸引你。反过来说，你自己也有独特的光芒，能够吸引他们的目光。很多时候，人与人之间的欣赏和投契，说到底，就是因为气场和人品的互补或契合。